Peter Leggo

As propriedades e a função do biofertilizante organo-zeolítico

Peter Leggo

As propriedades e a função do biofertilizante organo-zeolítico

ScienciaScripts

Imprint
Any brand names and product names mentioned in this book are subject to trademark, brand or patent protection and are trademarks or registered trademarks of their respective holders. The use of brand names, product names, common names, trade names, product descriptions etc. even without a particular marking in this work is in no way to be construed to mean that such names may be regarded as unrestricted in respect of trademark and brand protection legislation and could thus be used by anyone.

Cover image: www.ingimage.com

This book is a translation from the original published under ISBN 978-620-2-02478-5.

Publisher:
Sciencia Scripts
is a trademark of
Dodo Books Indian Ocean Ltd. and OmniScriptum S.R.L publishing group

120 High Road, East Finchley, London, N2 9ED, United Kingdom
Str. Armeneasca 28/1, office 1, Chisinau MD-2012, Republic of Moldova, Europe
Printed at: see last page
ISBN: 978-620-7-74426-8

ÍNDICE DE CONTEÚDOS:

As propriedades e a função do
Biofertilizante Organo-Zeolítico

porPeter J. Leggo
Departamento de Ciências da Terra, Universidade de Cambridge, Reino Unido.

Resumo:

A adoção de um método biológico de nutrição vegetal revelou-se extremamente eficaz. O método não envolve a utilização de fertilizantes químicos agrícolas tradicionais, uma vez que a nova abordagem ao crescimento das plantas e à saúde do solo utiliza rocha zeolítica natural triturada e resíduos orgânicos, quer de origem animal quer vegetal. Os minerais de zeólito são bem conhecidos por adsorverem amoníaco, que é produzido a partir da decomposição do componente orgânico. A libertação lenta de amoníaco, por troca iónica com o potássio do solo, é oxidada por micróbios nitrificantes, fornecendo um fornecimento gradual de nitrato. Deste modo, o acesso de nitratos ao solo é muito reduzido. Como o fósforo está presente nos resíduos orgânicos e é disponibilizado pela atividade de organismos saprobióticos, muito provavelmente fungos, apenas o potássio é necessário para fornecer os principais nutrientes às plantas. Este está facilmente disponível nos resíduos e no solo. Os três elementos principais, azoto, fósforo e potássio (NPK), estão presentes na forma ionizada, que pode ser facilmente absorvida pela planta em crescimento. As análises dos extractos de água dos poros, dos substratos arenosos utilizados em algumas das experiências, produziram ADN de chrenarchaeota (Archaea) em vez de bactérias nitrificantes. Este facto foi descoberto por estudos de biologia molecular realizados no Instituto de Biotecnologia da Universidade de Cambridge. Esta forma de fornecer azoto disponível através da oxidação biológica do amoníaco envolve enzimas catalíticas que produzem igualmente hidrogénio numa forma muito reactiva. A reatividade do hidrogénio, no substrato vegetal, liberta uma série de elementos ionizados que fornecem elementos menores em quantidades vestigiais necessárias ao crescimento das plantas. A matéria orgânica é essencial para fornecer o fosfato e as necessidades de carbono dos micróbios do solo. A utilização de fertilizantes químicos, que provoca a proliferação de micróbios do solo, resulta, a longo prazo, na perda de carbono e numa alteração da estrutura do solo e da capacidade de retenção de água, produzindo solos frágeis, propensos à erosão eólica e a chuvas fortes (Ball, 2006). Os "dust bowls" do Midwest dos EUA são um exemplo espetacular deste efeito. Pensa-se que a adoção de um sistema mais científico de solos organo-zeolíticos será um passo em frente no fornecimento de uma nutrição adequada às plantas e na promoção da saúde do solo.

Introdução

O Comité Internacional de Zeólitos Naturais (ICNZ) organizou uma série de conferências, a primeira das quais teve lugar em Tucson (Arizona, EUA, em 1976). As propriedades e utilizações das zeólitas naturais foram publicadas no Reino Unido sob a forma de livro (R.M Barrer, 1978) e mais tarde (Alan Dyer, 1988). Um importante artigo do Professor Mumpton (F.A.Mumpton, 1988) chamou a atenção para o facto de que as aplicações de zeólitos naturais, nessa altura, tinham sido prejudicadas pelas forças do mercado, na medida em que não tinha sido feito um trabalho suficiente sobre as propriedades mineralógicas de zeólitos específicos para os adequar à sua aplicação. Desde essa altura, muito trabalho tem sido feito sobre as utilizações agrícolas e industriais da zeólita natural (Ming e Allen, 2001) e, atualmente, a investigação neste domínio continua a expandir os nossos conhecimentos.

Os zeólitos naturais ocorrem de duas formas: uma delas é a forma de cristais relativamente grandes (>10 mm de comprimento e, por vezes, atingindo >100 mm) encontrados em cavidades de rochas vulcânicas, cristalizando a partir de água percolante. O outro é a alteração do vidro vulcânico que irrompe durante eventos vulcânicos explosivos. Estes eventos são geralmente causados pela ação de magmas siliciosos viscosos que bloqueiam as aberturas e acumulam uma pressão muito elevada nas colunas de extrusão. Durante a erupção, formam-se caldeiras e os ejectos podem atingir a altitude da estratosfera. A gravidade separa o material ejectado, com as partículas maiores a cairem no centro de extrusão ou perto dele (depósitos proximais). As partículas de grão muito fino deslocam-se com as correntes de ar para se afastarem do centro de extrusão (depósitos distais) como fluxos de cinzas (Figura 1). Estas partículas são compostas por vidro, geralmente em fragmentos muito pequenos (10 - 100 microns de diâmetro). Quando este vidro cai na água, normalmente cristaliza-se como zeólito para formar um sedimento zeolítico, (Figura. 1). É este material que é utilizado na preparação do fertilizante biológico organo-zeolítico. Tais sedimentos, convertidos em rochas pela pressão do sedimento sobrejacente e posteriormente elevados à superfície da terra, contêm uma elevada abundância de zeólito natural, frequentemente acima de 80%.

Figura 1. Esta imagem da erupção de Soufrier Hills nas Caraíbas
A ilha de Monserrat mostra um fluxo de cinzas a cair em águas marinhas pouco profundas para eventualmente formar uma rocha sedimentar, a maior parte da qual se tornará zeolitizada
Felizmente, as zeólitas naturais mais comuns, a heulandite-clinoptilolite, a mordenite, a phillipsite e

a chabazite, podem ser utilizadas como componente zeolítico do adubo, uma vez que estes minerais

adsorvem iões de amónio e água.

Há muito que se sabe (60 anos) que os iões de amónio são altamente seleccionados pela estrutura

cristalina de um zeólito (Ames, LL, 1960). Os únicos catiões que são mais selectivos são

Césio, Rubídio e Potássio. A série geral de seletividade Cs > K > NH4+ > Pb >

Ag > Ba > Na. etc., foi determinada por análise química (Chelishchev et., al 1988) e
demonstra que os únicos iões ubíquos que podem deslocar o ião amónio (NH4+) são
potássio (K^+)e maiores concentrações de sódio (Na^+). Assim, os iões de amónio e as
moléculas de água, que se encontram fracamente ligados nos canais de zeólito, podem ser removidos;
os iões de amónio por troca com iões de potássio ou de sódio e a água por dessorção devido a um
aumento da temperatura ambiente.
Utilizando zeólito natural juntamente com resíduos de matéria orgânica, quer animal quer vegetal, é

possível produzir um fertilizante vegetal extremamente eficiente. Este fertilizante é impulsionado por organismos microbianos do solo. A função da zeólita é reter o amoníaco e a água, enquanto a matéria orgânica fornece o fósforo e outros nutrientes para as plantas. O azoto é fornecido pela oxidação microbiana do amoníaco que é lentamente libertado do zeólito.

Tufo zeolítico

O nome Zeolite, que em grego significa pedra a ferver, foi utilizado pelo mineralogista sueco Freiherr Axel Fredrick Cronsstedt em 1756 para descrever um mineral que, quando aquecido, parecia ferver, libertando vapor de água. A palavra tufo refere-se a todas as rochas derivadas de partículas ejectadas durante as erupções vulcânicas e não deve ser confundida com a palavra tufa, que se refere ao carbonato de cálcio formado pela evaporação em torno de nascentes calcárias quentes ou frias, que também pode ser depositado pela ação de microrganismos. Como já foi referido, o vidro vulcânico de grão fino, emitido aquando da erupção explosiva de magmas siliciosos, reage com a água para formar uma rocha zeolítica que é designada por tufo zeolítico. Na elevação acima do nível do mar, devido à atividade de movimento das placas tectónicas, estas rochas são normalmente encontradas como leitos maciços, muitas vezes com dezenas de metros de espessura, que podem ser extraídos por métodos de exploração a céu aberto.

O tufo zeolítico é geralmente de cor clara e de grão fino, o que dificulta a sua identificação no terreno, uma vez que pode ser confundido com pedra de cimento, argilas ou sedimentos químicos, como um calcário. No entanto, um tufo zeolítico não efervescerá com a aplicação de um ácido mineral, o que o elimina dos calcários, e, devido às suas propriedades dessecantes, captará ou dessorverá facilmente a água. No entanto, certas argilas apresentam as mesmas propriedades dessecantes e podem ser facilmente confundidas com tufos zeolíticos. É de referir que os argilominerais são silicatos de folha (filossilicatos) que têm uma estrutura completamente diferente da dos zeólitos (tectossilicatos) que têm uma estrutura de quadro. Os tufos zeolíticos suspeitos são recolhidos no terreno observando o seu aspeto de cor clara e de grão fino, as suas propriedades de absorção de água e a sua baixa densidade. Embora não possam ser identificados apenas com base nestas propriedades, pode ser efectuado um teste de campo quantitativo envolvendo a adsorção e dessorção de água. (Culfaz., al.,

1973). A confirmação é então feita por análise de difractometria de raios X (XRD) (Figura. 2), após

o que a morfologia do cristal pode ser visualizada num microscópio eletrónico de varrimento (SEM),

(Figuras 3 e 4).

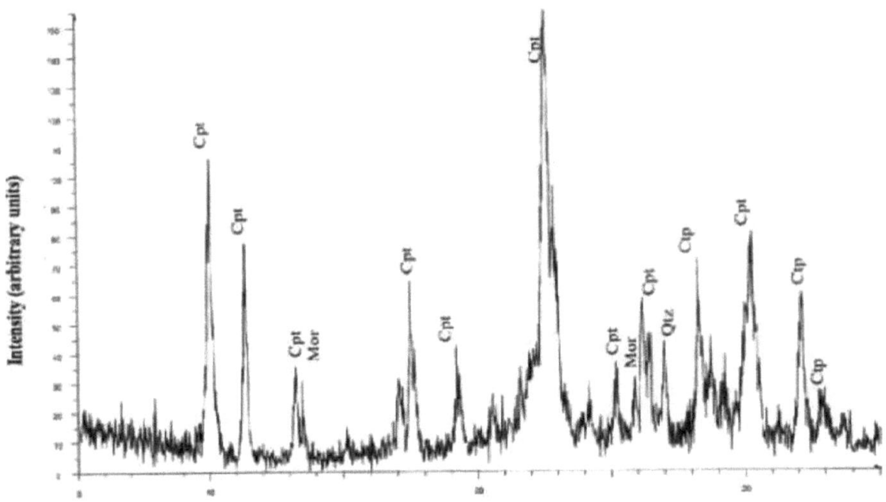

Figura 2 . Padrão de difração de pó por XRD de um tufo zeolitizado típico. Os picos marcados com Cpt são devidos à Clinotilite, os marcados com Mor são de Mordenite, uma zeólita natural associada à clinoptilolite e ao Quartzo marcado como Qtz, que também ocorre habitualmente.

O Microscópio Eletrónico de Varrimento (SEM) é utilizado para identificar a morfologia cristalina

dos zeólitos naturais, uma vez que o seu pequeno tamanho (10 - 100 microns) torna a identificação

muito difícil, se não impossível, com o microscópio ótico. Assim, a identificação de um tufo zeolítico

depende da difractometria de raios X e da obtenção de imagens com o SEM após seleção pela sua

propriedade de sorção de água. Como explica o Professor Mumpton, estas rochas têm muitas

utilizações industriais e agrícolas e contam-se entre os mais importantes minerais industriais

conhecidos (Mumpton, F.A, 1999).

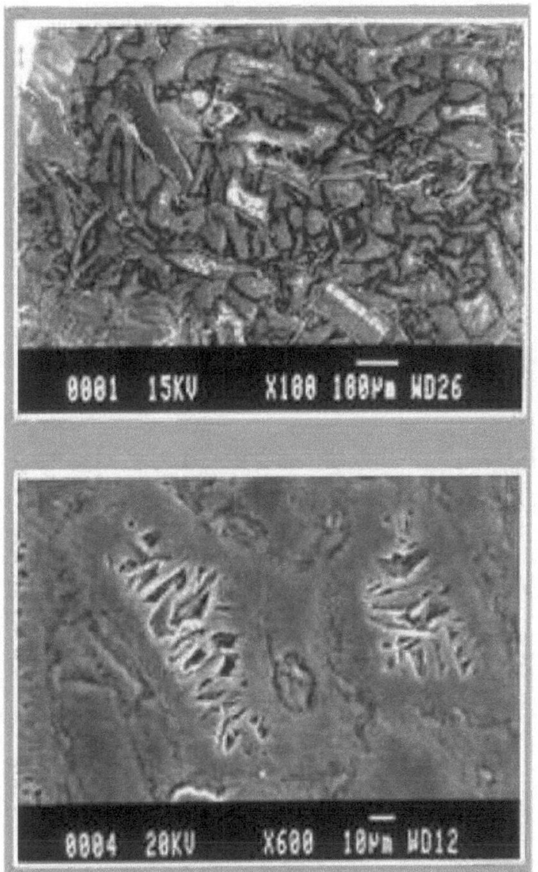

Figura 3 . Imagens SEM de um tufo zeolítico.
Estas duas imagens de microscópio eletrónico de varrimento (MEV), Figura 3, são de um tufo zeolítico, a imagem superior mostrando fragmentos de vidro alterados estreitamente empacotados e endurecidos numa rocha. A imagem inferior é uma ampliação da mesma rocha que mostra a parte exterior de um único fragmento que pode ser visto com a parte interior exibindo placas cristalinas bem formadas de clinoptiolite. É frequentemente observada uma camada de argilo-mineral que define os limites do fragmento (Figura 4).

Figura 4. Uma parte altamente resolvida de um fragmento de vidro zeolizado mostrando a argila montmorilonita, lado esquerdo, revestindo o vidro que agora está internamente alterado para clinoptilolita. É evidente que a montmorilonite nucleia a clinoptilolite.

Mineralogia da zeólita

As zeólitas naturais e sintéticas foram estudadas em grande pormenor e, nesta monografia, para além das suas características gerais, apenas serão discutidas as que são importantes para o tópico do crescimento das plantas. Existem mais de quarenta espécies de zeólitas encontradas na natureza em que a estrutura cristalina ocorre como uma estrutura aberta com a caraterística invulgar de ter poros abertos que passam ao longo da rede cristalina. Estes poros são de dimensão molecular e são utilizados na indústria petroquímica como peneiras para separar os hidrocarbonetos de cadeia simples dos que têm cadeias laterais ramificadas, que são excluídas devido à sua maior dimensão. A arquitetura dos poros pode ter uma, duas ou três dimensões, dependendo do tipo de zeólito em que as formas bidimensionais e tridimensionais se encontram em planos que se intersectam ortogonalmente. É apresentado um modelo estrutural

abaixo, (Figura 5).

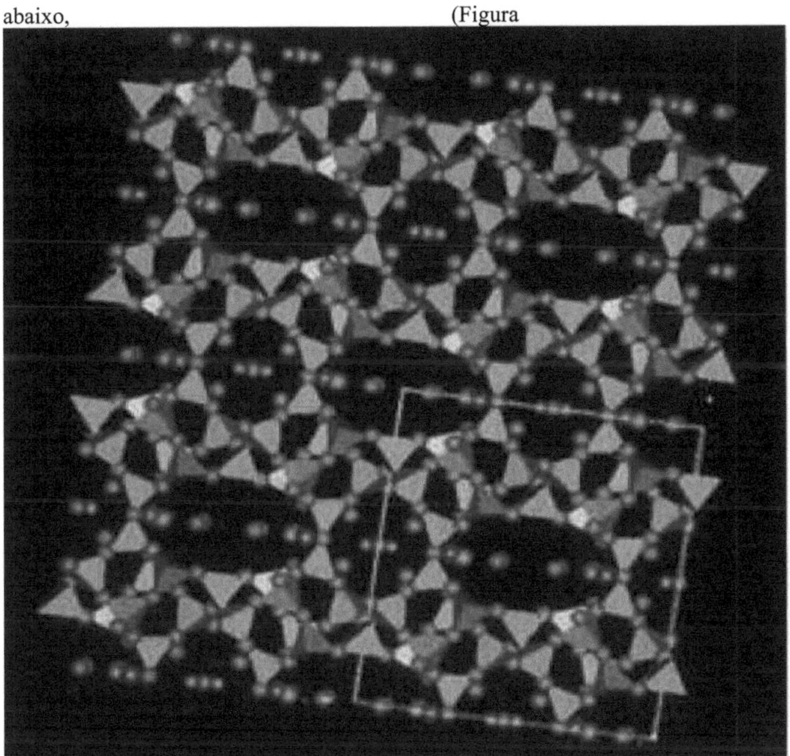

Figura 5. Modelo estrutural da clinoptilolita

Os principais blocos de construção da estrutura do zeólito são unidades tetraédricas que têm quatro átomos de oxigénio nos seus ápices, que são partilhados com átomos de oxigénio entre unidades adjacentes.

O quadrado delineado no canto inferior direito é designado por célula unitária, que se repete em toda a estrutura cristalina. Numa inspeção minuciosa, as unidades tetraédricas são na sua maioria de cor azul e estão centradas num átomo de silício. As de cor branca estão centradas em átomos de alumínio. Esta disposição conduz a uma condição eletronicamente instável, exigindo um catião adicional (ião de carga positiva) para proporcionar uma estrutura estável. As áreas pretas sistemáticas representam poros abertos que percorrem toda a estrutura cristalina, Figura. 5 . Esta caraterística, exclusiva do grupo de minerais zeolíticos, é denominada um silicato de estrutura aberta. Os catiões extra-quadro e as moléculas de água são livres de ocupar este espaço, onde se ligam livremente e fornecem a carga positiva extra para estabilizar a estrutura. É o movimento destes iões, devido à propriedade conhecida como permuta iónica, que confere ao grupo dos zeólitos as suas propriedades únicas que encontram utilização na indústria e na agricultura.

Comportamento de permuta iónica dos zeólitos .

Na natureza, os catiões presentes na água dos poros do solo são capazes de trocar com catiões na estrutura sólida do zeólito. De acordo com o seu tamanho e carga, os iões monovalentes são mais facilmente trocados do que os iões com cargas mais elevadas. Experiências laboratoriais em que soluções aquosas de sais inorgânicos são passadas através de tubos de vidro embalados com tufo zeolítico esmagado contendo o zeólito em investigação mostraram que foi estabelecida uma série de seletividade de elementos químicos, devido à troca iónica. Há muito que se sabe (60 anos) que os iões de amónio são altamente seleccionados por uma estrutura de rede cristalina de zeólito (Ames, L.L, 1960) e, no caso do clinoptilolito, são utilizados catorze elementos para demonstrar essa série de seletividade. Verificou-se que os iões de césio são o elemento mais seletivo, seguido do rubídio, potássio e amónio, etc. (Chelishhev et al., 1988). Num ambiente de solo, o césio e o rubídio são elementos vestigiais raros, tornando o ião amónio o mais seletivo depois do potássio. A mordenite, outro mineral zeolítico, que se encontra normalmente associado à clinoptilolite em tufos zeolíticos, é também altamente selectiva para os iões amónio. (Vaughan, D. 19780). A filipsite, embora não seja tão comum como a série heulandite-clinoptilolite, tem a maior seletividade para iões amónio de todas as zeólitas naturais. Deve mencionar-se que a heulandite tem a mesma estrutura de zeólito que a clinoptilolite, mas uma relação mais baixa de sílica/alumínio, mas tem a mesma propriedade de absorção do ião amónio. Por último, deve também notar-se que a erionite, um mineral zeolítico comum que ocorre por vezes com a clinoptilolite e a mordenite, não é selectiva para os iões de amónio. Este mineral parece ser o único zeólito natural que se sabe ser perigoso de manusear e deve ser evitado em trabalhos com plantas. A morfologia do cristal consiste em feixes de fibras finas que, quando esmagadas e dispersas na atmosfera e inaladas, podem ser a causa do mesotelioma (Dikensoy, O. 2008).

Deve entender-se que a propriedade única de permuta iónica da clinoptilolite e da mordenite é fundamental para o funcionamento do biofertilizante organo-zeolítico.

Ocorrência global

Os tufos zeolíticos provêm de afloramentos superficiais, que são facilmente extraídos, e ocorrem frequentemente como leitos homogéneos espessos, geralmente com dezenas de metros de espessura. Os sedimentos zeolíticos também se encontram no fundo do mar. Como o movimento tectónico das placas crustais está constantemente a provocar atividade vulcânica, não é surpreendente que as cinzas ocorram tanto no fundo do mar como nos continentes terrestres. Os depósitos terrestres são extraídos em todo o mundo onde ocorreu atividade vulcânica durante os últimos 20 milhões de anos, uma vez que estas rochas podem permanecer inalteradas e recristalizadas por processos metamórficos. A exceção a esta situação é a ocorrência muito mais antiga na Austrália, onde se pensa que os tufos zeolíticos têm 250 a 260 milhões de anos. Os depósitos extraídos em Nova Gales do Sul ocorrem nas unidades marinhas pouco profundas do Carbonífero tardio da Cintura Vulcânica de Tamworth. Pensa-se que estas rochas, que contêm heulandite e clinoptilolite em abundância, resultam de fluxos de cinzas piroclásticas depositadas em condições marinhas pouco profundas. Ao contrário dos típicos tufos zeolíticos do final do Cenozoico até ao Recente (< 30 milhões de anos), os tufos australianos são rochas duras e vítreas de aspeto vermelho ou verde. Dois destes depósitos, a mina Escott, perto de Werris Creek, onde a primeira descoberta foi efectuada pelo Professor Peter. G, Flood (Flood e Taylor, 1991) e a mina de Bidawalla em Quirindi, produziram cerca de 6000 toneladas por ano em 2006. Esta rocha siliciosa dura, devido à sua elevada capacidade de troca catiónica, tem sido utilizada para vários fins, entre os quais a melhoria do crescimento das plantas, uma vez que, quando misturada com um componente orgânico, tem grande sucesso como biofertilizante. (comunicação pessoal).

Os recursos mundiais de tufo zeolítico são difíceis de estimar, uma vez que muitas vezes os países

em causa não publicam os seus recursos minerais durante vários anos após o início da extração. No

entanto, o Serviço Geológico dos Estados Unidos registou a evolução da produção mundial de

zeólitos naturais de 1975 a 2016. A produção estimada para 2016 é a seguinte (Quadro 1).

País	Toneladas extraídas por ano
EUA	80,000
Canadá	50,000
China	2,000,000
México	25,000
Cuba	51,000
Jorden	13,000
Indonésia	1,500
República da Coreia	205,000
Nova Zelândia	65,000
Turquia	70,000
Outros países	350, 000

Quadro 1. Estimativa da produção anual de tufo zeolítico minerado. Estes dados foram obtidos do
United States Geological Survey (USGS) Mineral Resources Bulletin 2016 - 2017 .
Na Europa, a Espanha, a Itália, a Eslováquia, a Hungria, a Roménia, a Bulgária, a Grécia e a Sérvia

possuem grandes jazidas que podem ser extraídas e várias minas foram

produção durante muitos anos. Outros países também conhecidos pela extração de tufo zeolítico

natural incluem a Argentina, a Arménia, a Geórgia, o Irão, a Rússia, a Eslovénia, a África do Sul e a

Ucrânia, mas há pouca informação disponível sobre os valores de produção. Espera-se que a Nova

Zelândia, ao construir uma nova unidade de transformação, aumente a sua produção para 100 000

toneladas por ano.

A Turquia possui três bacias sedimentares nas quais existem enormes quantidades de tufo zeolítico

(Sirkecioglu, A e Erdem-Çenat, A . 1996), (0nal, Mnet al., 2016). Nos últimos anos, estes depósitos

produziram 70 000 toneladas por ano.

Na Ásia, o Japão, a China, a Indonésia e as Filipinas possuem grandes depósitos. A China produz 2

milhões de toneladas por ano, mas há muito pouca informação disponível sobre a natureza dos

depósitos. O Japão, por outro lado, publicou trabalhos muito importantes sobre a ocorrência e

aplicação dos depósitos zeolíticos japoneses (Minato., H 1988).

Na América do Sul, Cuba é conhecida pelos seus grandes depósitos de zeólito. O tufo clinoptilolítico, de elevada pureza, demonstrou experimentalmente ter propriedades medicinais que controlam os níveis de histamina e regulam a inflamação alérgica, a resposta imunitária e ajudam a prevenir a formação de ácido gástrico (Rodriguez et el., 2006), (Selvam et al., 2014).

A exploração geológica atual identificou um novo depósito de tufo zeolítico na área de Bear River, perto de Preston, Idaho, EUA. (comunicação pessoal). Este tufo tem uma grande abundância mineralógica de clinoptilolite, que é caraterística deste tipo de rochas. O tufo tem mais de 1000 pés de espessura, cobrindo cerca de 700 acres. À medida que as utilizações dos tufos zeolíticos naturais forem sendo melhor compreendidas, serão sem dúvida encontrados mais depósitos deste tipo em todo o mundo.

Recentemente, o CASP, um grupo independente de pesquisa geológica afiliado à Universidade de Cambridge, juntamente com o Departamento de Ciências da Terra, descobriu tufos zeolíticos na Etiópia. Estas rochas estão associadas a uma atividade vulcânica maciça no Sistema do Vale do Rift da África Oriental, que será indubitavelmente encontrada noutros locais da zona de extensão da África Oriental e se tornará uma importante fonte de abastecimento mundial.

Aplicações agrícolas, hortícolas e ambientais.

Os artigos publicados em 1988, pela Akadémiai Kiodó, Budapeste, sobre a "Ocorrência, Propriedades e Utilização de Zeólitos Naturais" foram de importância fundamental para as aplicações de zeólitos naturais. Os professores Mumpton, Tsitsisishvili e Minato foram os primeiros a discutir a importância da zeólita natural no crescimento das plantas. Ao discutir uma observação invulgar do Professor Minato, tornou-se óbvio que o zeólito natural tinha um papel a desempenhar na nutrição das plantas. Os avicultores japoneses perguntaram-lhe se era possível fazer alguma coisa para eliminar o mau cheiro dos excrementos nos seus aviários. Sabendo que o tufo zeolítico é um dessecante muito eficaz, sugeriu que o tufo zeolítico disponível localmente fosse adicionado a granel ao estrume das aves para absorver o teor de água. Esta medida foi imediatamente bem sucedida e o mau cheiro desapareceu de um dia para o outro. Rapidamente se compreendeu que as bactérias responsáveis pelo mau cheiro não eram capazes de funcionar na ausência de água. De seguida, foi abordado o problema do que fazer com os montes de tufo zeolítico deixados nos pátios e, por sugestão do Professor Minato, foram colocados nos campos adjacentes. A grande surpresa veio quando o crescimento das plantas nesses campos prosperou muito. Quando perguntámos como é que isso aconteceu, não nos foi dada qualquer explicação. Tratava-se claramente de um problema biológico e também mineralógico-geoquímico e, dispondo de instalações na Universidade de Cambridge, foram efectuados trabalhos experimentais sobre o crescimento das plantas na estufa de investigação do Jardim Botânico da Universidade. A partir de 1996, quando uma bolsa de exploração foi disponibilizada pela Comissão Europeia, foi decidido seguir a experiência do Professor Minato na utilização de uma mistura de estrume de aves de capoeira e tufo zeolítico triturado para melhorar o crescimento das plantas. O tufo utilizado nestas primeiras experiências provinha do depósito Bali Plast, no Sudeste da Bulgária. Este tufo zeolítico é composto por cerca de 80% de clinoptilolite com pouca argila (montmorilonite), celadonite, vidro vulcânico não reagido e partículas piroclásticas ocasionais de uma antiga erupção vulcânica. Neste aspeto, é semelhante à maioria dos tufos zeolíticos encontrados em todo o mundo.O trabalho de investigação foi bem sucedido e tornou-se necessário compreender a nutrição das plantas com algum pormenor.

A componente orgânica

A presença do componente orgânico do biofertilizante organo-zeolítico é fundamental para o fornecimento de nutrientes às plantas. A decomposição orgânica envolve a decomposição pelas funções metabólicas de uma vasta comunidade de microrganismos, tais como fungos, bactérias, actinomicetas e outros organismos celulares e alguns animais. Utilizando o estrume de aves de capoeira como componente orgânico, o ácido úrico é decomposto para formar amoníaco. A função do tufo zeolítico é fornecer azoto, sob a forma de iões de amónio, produzidos a partir da decomposição da matéria orgânica. Estes iões, ao entrarem no solo, são oxidados por microrganismos em iões nitrato. A água adsorvida é também fracamente ligada à estrutura do zeólito e libertada à medida que a temperatura ambiente aumenta. Os nutrientes principais e secundários das plantas, para além dos derivados do ar e da água (carbono, fixado pela fotossíntese, hidrogénio e oxigénio), são fornecidos pelo material orgânico.

A matéria orgânica utilizada apresenta-se sob a forma de resíduos animais ou vegetais. O biofertilizante é feito misturando duas partes de matéria orgânica, de preferência estrume de aves, com uma parte de tufo zeolítico por volume, uma vez que a experiência demonstrou que o estrume de aves é muito eficaz. . O tufo triturado utilizado tem uma granulometria de 1 a 2 mm, pois mistura-se facilmente com o estrume. Durante a compostagem, a mistura sofre uma fermentação, devido à atividade da comunidade microbiana, o mau cheiro perde-se rapidamente e a mistura torna-se inodora num período relativamente curto (24 - 48 horas). Este produto, o biofertilizante, é então adicionado ao substrato vegetal numa proporção de uma parte para cinco partes de substrato por volume. Assim, o substrato contém cerca de 17% de biofertilizante, dos quais cerca de 6% são tufos zeolíticos. Até à data, o biofertilizante não foi formulado de forma rigorosa, mas foi considerado adequado para um grande número de espécies vegetais que crescem tanto em solos limpos como contaminados. Pensa-se que a perda do mau cheiro se deve à propriedade dessecante do zeólito, uma vez que as bactérias, que produzem o cheiro desagradável, não podem funcionar num ambiente seco. Para cumprir os regulamentos governamentais do Reino Unido, a mistura de biofertilizante deve ser mantida a 70º C durante uma hora para destruir quaisquer agentes patogénicos humanos que possam estar presentes. Isto pode ser conseguido através da rotação num tambor aquecido ou por outros meios. No nosso trabalho de investigação atual, foi construída uma máquina para digerir resíduos alimentares e, sem adicionar quaisquer micróbios vivos, são regularmente atingidas temperaturas de 70º C e superiores, à medida que os resíduos são submetidos a fermentação. Os laboratórios analíticos do Reino Unido e do Canadá efectuaram medições das bactérias salmonela e e-coli. Em ambos os laboratórios não foram encontradas contagens de salmonelas no biofertilizante seco e apenas foi detectada uma contagem muito baixa de e-coli, muito abaixo do que seria considerado um agente patogénico humano.

Fornecimento de nutrição vegetal.

A nutrição das plantas é complexa e difícil de compreender completamente e, neste estudo, apenas serão mencionadas as características relacionadas com a função do biofertilizante. Para obter um conhecimento abrangente deste assunto, recomendam-se textos modernos sobre fisiologia vegetal, bioquímica, microbiologia do solo e nutrição mineral (Taiz e Zeiger, 1991), (Berg, Tymoczko e Stryer, 2007), (Paul, 2007), (Marschner,1995). A fotossíntese fornece hidratos de carbono, convertendo o dióxido de carbono atmosférico pelas células das folhas das plantas durante o dia. O carbono fixado desta forma é essencial para o armazenamento e o transporte de energia através da planta.

Os macronutrientes primários, o azoto, o fósforo e o potássio, são obtidos, em geral, a partir do solo com biofertilizante, através da absorção pelos pêlos das raízes das plantas. O azoto, embora seja cerca de 79% abundante no ar, não está disponível para a maioria dos organismos, uma vez que a ligação tripla entre os dois átomos de azoto na molécula o torna quase inerte. Assim, a entrada de azoto deve provir de outras formas combinadas do elemento. Amónio $(NH_4)^+$

oxidados a nitrato (NO_3) são fundamentais para o crescimento das plantas e os microrganismos do solo são

essenciais para a nitrificação. As bactérias oxidantes de amoníaco (AOB) convertem os iões de amónio em iões de nitrato, mas sabe-se agora que as arqueias oxidantes de amoníaco (AOA) crenarcheota predominam entre os procariotas nitrificantes nos solos (Leininger, et al., 2006). O fósforo, tal como o azoto, está envolvido em muitos processos vitais das plantas. Este elemento pode ser obtido a partir de fontes inorgânicas e orgânicas e pensa-se geralmente que os fungos micorrízicos desempenham um papel dominante no fornecimento de iões de fosfato a partir do ácido ortofosfórico (H_3PO_4) que é

facilmente absorvido na forma metafosfórica como iões H_2PO_4. Sendo a rizosfera o

A zona que rodeia as raízes das plantas tem um papel importante no fornecimento de nutrientes a uma planta em crescimento. Parece que a oxigenação nesta zona cria uma condição microaeróbica em solos que de outra forma seriam anaeróbicos para promover a nitrificação. No nosso trabalho, verificou-se que as raízes das plantas, bem como as folhas e os caules, são grandemente melhorados num substrato vegetal alterado com biofertilizante. Esta caraterística parece favorecer a nitrificação. (Figura. 6).

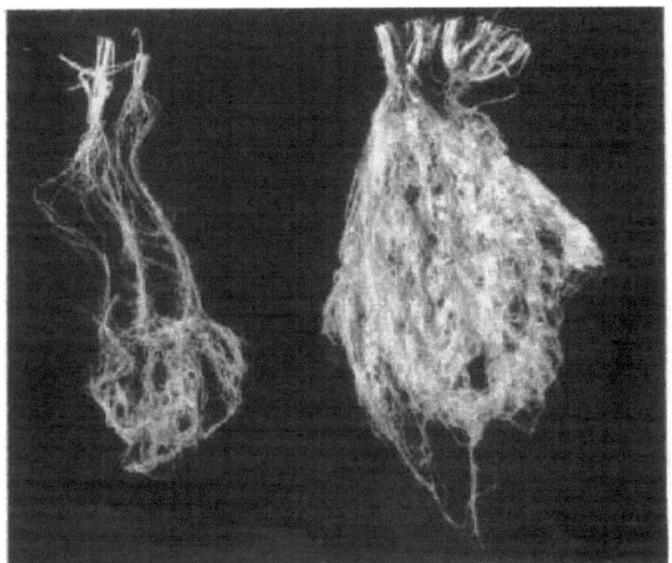

Figura 6. Raízes de trigo de primavera, duas plantas em cada caso. A esquerda é de um substrato sem emenda e a direita mostra raízes de um substrato com emenda.

Uma função única do biofertilizante resulta da produção de iões de hidrogénio formados em resultado da atividade das enzimas microbianas que catalisam as reacções de nitrificação. Pensa-se que estes iões protonam a água dos poros do solo. (Süsser, P e Schwertmann, U. (1991) e produzem iões de hidrónio H3O$^+$. Os iões H3O$^+$ são muito instáveis e decompõem-se e ionizam os catiões do substrato vegetal. Pensa-se que este processo fornece oligoelementos essenciais e benéficos que estão disponíveis para serem absorvidos pelas plantas. Sabe-se que a via bioquímica das bactérias nitrificantes é um processo autotrófico em duas fases que envolve etapas de oxidação do amónio e do nitrito. A fase final é a oxidação do nitrito em nitrato, que produz iões de hidrogénio como parte da reação que se pensa protonar a água dos poros do solo. Os processos metabólicos dos crenarchaeota ainda não estão resolvidos, mas como o nitrito não permanece no sistema durante muito tempo, pode presumir-se que ocorre uma reação semelhante e que os iões de hidrogénio são um produto da oxidação do nitrito.

O potássio, o outro elemento importante na nutrição das plantas, não está envolvido no metabolismo mas ocorre em toda a planta numa concentração relativamente grande. A sua solubilidade e mobilidade são excelentes e controlam várias funções fisiológicas, como o movimento dos estomas das folhas, a ativação de reacções enzimáticas envolvidas na fotossíntese, respiração e síntese de proteínas, etc. (Marschner, 1995).

Os macronutrientes de segunda e terceira importância são : Enxofre, Cálcio e Magnésio. São igualmente importantes os micronutrientes essenciais e benéficos que se apresentam sob a forma de oligoelementos: ferro, molibdénio, boro, cobre, manganês, sódio, zinco, níquel, cloro, cobalto, alumínio, silício, vanádio e selénio.

Evidências experimentais

Durante mais de uma década, as experiências de crescimento de plantas no Jardim Botânico da Universidade de Cambridge forneceram informações sobre a função do biofertilizante. Os primeiros trabalhos concentraram-se na absorção de azoto e aprenderam-se factos importantes a partir de lixiviados aquosos controlados do substrato da planta. Este trabalho foi efectuado nos substratos de plantas que crescem em vasos de plástico em condições de estufa. A quantidade de água desionizada utilizada para lixiviar os substratos foi sistematicamente controlada em função do peso do substrato. Em substratos de 2 kg, foram utilizados 180 ml para atingir a capacidade de campo, após o que foram adicionados 100 ml e recolhida uma amostra; os vasos foram colocados individualmente em tabuleiros de plástico pouco profundos para reter o lixiviado. Cada lixiviado foi então centrifugado para remover quaisquer partículas coloidais. O solo utilizado para a maioria das experiências em vasos foi um sedimento cinzento-escuro contendo areia fina e média, juntamente com algum cascalho fino a médio, obtido no Jardim Botânico da Universidade de Cambridge.

8.1   Lixiviado aquoso Data.

Foram encontradas grandes diferenças entre as concentrações de elementos dos lixiviados provenientes de substratos não tratados e tratados com correção. Para além das diferenças químicas, a condutividade eléctrica (CE) revelou um aumento muito grande nos substratos tratados em comparação com os obtidos a partir do solo de jardim não tratado. Foram encontradas várias ordens de grandeza, atingindo frequentemente vários milhares de micro-siemens por centímetro (μS.cm-

1) nos lixiviados dos substratos tratados, enquanto os dos substratos não tratados atingem, em média, apenas 100-200 μS. cm^{-1} . Isto demonstrou que os lixiviados dos substratos alterados têm uma elevada mobilidade iónica. Sabe-se agora que os iões de amónio, retidos pelo zeólito, são trocados por iões de potássio quando o biofertilizante é adicionado a um substrato vegetal. Uma vez libertados, os iões de amónio são oxidados por Chrenarchaeota, acabando por fornecer iões de nitrato que estão

disponíveis para a absorção pelas plantas. Sabe-se que as reacções enzimáticas que catalisam a nitrificação produzem uma fonte de iões de hidrogénio que protonam a água dos poros do solo. Os iões de hidrónio ($H3O^+$) produzidos são muito instáveis e reagem com o solo para dissociar catiões que ficam então disponíveis para a absorção pelas plantas. Esta reação explica a presença dos iões nutrientes encontrados no lixiviado altamente móvel dos substratos alterados. Suspeita-se, portanto, que exista uma relação entre a CE do lixiviado e a concentração de nitratos. Medindo a concentração de nitratos em amostras de lixiviados, foi encontrada uma distribuição linear, dentro do erro experimental, entre estas concentrações e as condutividades eléctricas dos lixiviados (Figura . 7).

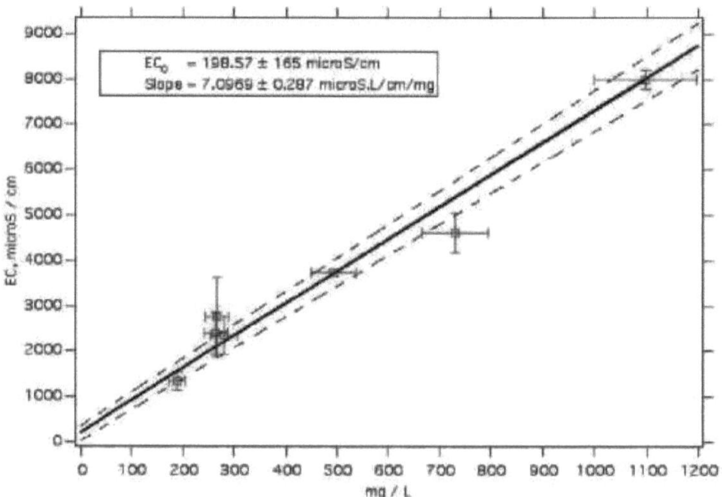

Figura 7. Gráfico da relação linear entre a CE e a concentração de nitratos.
O erro analítico é apresentado como barras de erro juntamente com a estimativa do erro no declive apresentado como linhas a tracejado.

8.2   Alteração da adsorção da rede de zeólito e perda de iões de amónio ao longo do tempo.

Foi realizada uma experiência para investigar a alteração da adsorção de iões de amónio com o tempo, uma vez que se pensou que isso poderia esclarecer a libertação lenta destes iões da rede mineral de zeólito. Recolhendo amostras de tufo zeolítico de um biofertilizante acabado de fazer, depois de a fermentação ter cessado, o tufo zeolítico foi removido pelo simples processo de fazer flutuar a fração orgânica em água num balde de plástico. Quando isto foi feito três ou quatro vezes, recuperou-se o tufo zeolítico limpo. Como a zeólita tinha sido amonificada durante o período de compostagem, foi possível medir a concentração de iões de amónio ao longo do tempo, analisando as amostras periodicamente. A concentração de iões de amónio foi medida em cada amostra por um método eletroquímico que envolve a utilização de um elétrodo seletivo de iões de amónio. Cada amostra foi lavada com água desionizada e seca em estufa a 90° C. Uma descrição completa do método para determinar a capacidade de troca catiónica do tufo zeolítico, através da medição da absorção de iões de amónio, é apresentada pelo Professor Minato (Minato, 1994). Este método foi adaptado para medir a concentração de iões amónio em amostras de tufo retiradas do substrato alterado. As concentrações foram medidas em quadruplicado e o desvio padrão das médias foi calculado e apresentado nos dados traçados como barras de erro.

A mistura organo-zeolítica do solo, utilizada para emendar o substrato, tinha sido feita recentemente e a primeira amostra mostrada, como zero no eixo x, foi medida cerca de 30 - 40 dias após a fermentação ter cessado; a extrapolação da curva para o eixo x aproximadamente 30 dias é indicada desde que a emenda fresca foi utilizada. Durante este período, os iões de amónio começaram a ser adsorvidos pelo zeólito. (Figura 8).

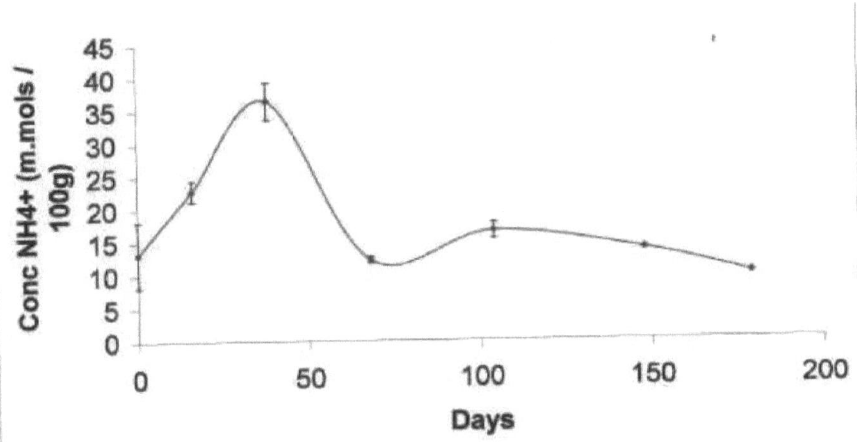

Figura 8. Variação do NH4+ ligado à rede com o tempo
A análise dos dados mostra um rápido aumento dos iões ligados à rede do zeólito nos primeiros 30 dias. Dado que a absorção de iões de amónio tinha começado cerca de 30 dias antes do início das

medições, este lapso de tempo deve ser tido em conta. Por conseguinte, a concentração máxima de iões de amónio adsorvidos pelo zeólito, representada pelo pico da curva, aparece após aproximadamente 60 dias. Após ter sido atingido o pico da curva, os micróbios oxidantes de amónio, agora conhecidos como crenarchaeota, reduzem ativamente a concentração dos iões de amónio. Assim, o comportamento dos iões de amónio ligados à rede deve ser controlado pela adsorção de iões de amónio e pela sua oxidação microbiana.

O estudo de biologia molecular, descrito na secção 8.4, revelou que não havia ADN de micróbios oxidantes de amónio nos substratos tratados com um biofertilizante com dois anos. Embora o biofertilizante antigo tenha tido um bom desempenho na produção de um maior crescimento, verificou-se, a partir da tendência mostrada na Figura. 8 , que os micróbios oxidantes de amónio tinham deixado de funcionar há muito tempo. Foi apenas quando se utilizou biofertilizante fresco que o ADN de crenarchaeota foi encontrado na água dos poros do solo. O solo utilizado foi uma areia das Brecklands de East Anglia, que é o único sítio de areias interiores sopradas pelo vento no Reino Unido. Não foi detectado ADN de bactérias oxidantes de amoníaco (AOB) e foi nesta fase do programa que foi descoberto o ADN de arqueias oxidantes de amoníaco (AOA).

A primeira indicação de que os micróbios do solo tinham uma influência importante na nitrificação de solos tratados com um biofertilizante foi feita pelo Professor T.G Andronikashvili (Andronikashvili et al., 1999). Seguiu-se um trabalho mais pormenorizado (Andronikashvili, et al., 2007), quando se verificou uma alteração pulsante na quantidade de bactérias observadas. Nessa altura, ainda não se tinha percebido que as arqueas predominavam sobre as bactérias oxidadoras de amónio nos solos. Este efeito pulsante poderia explicar o ligeiro aumento da concentração de iões de amónio observado após 100 dias na figura 8, embora neste caso os micróbios em causa sejam predominantemente crenarchaeota . Este comportamento pulsante sugere que um aumento dos iões NH$_4$ disponíveis   ocorre, presumivelmente, por uma estimulação da decomposição do componente orgânico. Além disso, poderia ser possível prolongar a atividade do biofertilizante em épocas de crescimento sucessivas, tratando o solo alterado com uma solução aquosa muito diluída de amoníaco, uma vez que a capacidade de adsorção do clinoptilolito não estaria diminuída, mas pronta

para uma nova absorção de iões de amónio, desde que ainda estivesse disponível material orgânico

suficiente para fornecer uma fonte de nutrientes para as plantas, para além do nitrato, que seria

fornecido pela oxidação do amoníaco do zeólito recarregado. Este aspeto necessita de um estudo mais

aprofundado e deve ser considerado um trabalho experimental que preste atenção aos factores do

solo, à microbiologia do solo e ao tipo de planta, etc. Um tal estudo seria mais facilmente efectuado

através de experiências em vasos, seguidas de ensaios hortícolas e, posteriormente, agrícolas.

O resultado de outra experiência com lixiviados utilizando água desionizada, como descrito acima,

foi

para comparar o efeito do biofertilizante, no fornecimento de iões NO3, com o de uma emenda

orgânica sem o tufo zeolítico e a partir de solo de jardim não alterado, (Figura 9).

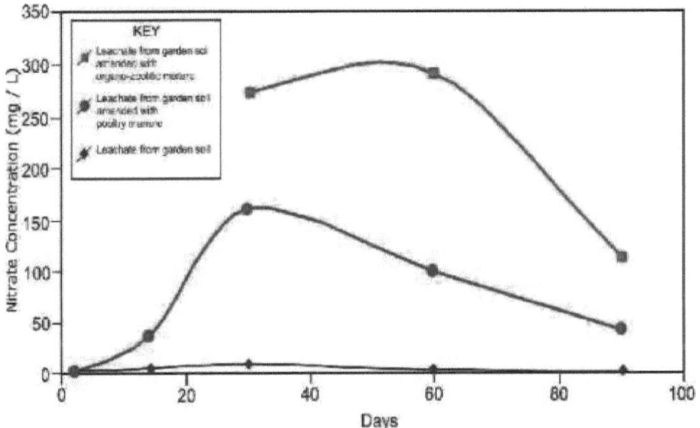

Figura. 9 Variação da concentração de nitratos com o tempo.
Estas curvas mostram a concentração de iões NO3 no solo em função do tempo para três substratos de solo
Os substratos de 1 kg estavam contidos em vasos de plástico de 1 litro colocados num tabuleiro de

plástico para conter os lixiviados. A experiência foi realizada no ambiente controlado do laboratório

da estufa no Jardim Botânico da Universidade de Cambridge. O gráfico mostra três curvas. A curva

verde representa o solo tratado com o biofertilizante organo-zeolítico. A curva vermelha mostra os

dados de um solo modificado com o componente orgânico (estrume de aves) sem o componente zeolítico e a curva azul representa o solo de jardim não modificado. O biofertilizante utilizado foi feito recentemente e o lixiviado do solo alterado mostra claramente uma diferença muito grande na concentração de nitratos em comparação com as curvas vermelha e azul. O lixiviado do solo com estrume de aves de capoeira, curva vermelha, apresenta uma concentração apreciável de nitratos ao fim de trinta dias, que é depois reduzida a um nível baixo. Os dados relativos ao lixiviado dos vasos de solo de jardim não tratado mostram um nível muito baixo de concentração de nitratos. Assim, parece que o solo do jardim sofreu pouca, ou nenhuma, nitrificação natural. Pensa-se que o nitrato contido no solo do jardim é um resíduo herdado de anteriores períodos de cultivo em que foram utilizados fertilizantes químicos. É interessante notar que o pico de concentração de nitrato no solo com biofertilizante (curva verde) ocorre após cerca de 60 dias, concordando com a experiência anterior mostrada na Figura 8. A razão para esta semelhança é incerta neste momento e serão necessárias mais experiências para se chegar a uma conclusão definitiva. É evidente que a emenda com o biofertilizante é extremamente eficaz na produção de nitrato e demonstra que ambos os componentes, zeolítico e orgânico, devem estar presentes para produzir este efeito. Como já foi referido, a presença do componente orgânico fornece fosfato e muitos outros elementos nutritivos, alguns em quantidades vestigiais, que são essenciais e benéficos para o crescimento das plantas. Mas sem a presença do tufo zeolítico e a nitrificação que se segue, a absorção destes elementos seria limitada.

8.3   Absorção de elementos nutritivos pelas plantas.

O aumento do crescimento das plantas em substratos modificados com o biofertilizante, visto em imagens na secção seguinte, é uma prova de que a absorção de elementos nutritivos é grandemente afetada pela presença do biofertilizante. A variação entre as plantas que crescem nos resíduos de minas não alterados e alterados apoia a evidência da elevada mobilidade iónica encontrada na água dos poros do substrato alterado. Esta condição permite que a planta absorva os elementos essenciais e benéficos para o seu crescimento. O chumbo e o arsénio são elementos utilizados por plantas especiais, mas nas plantas superiores estes elementos não são geralmente necessários. A análise de tecidos de folhas e caules de plantas que crescem em resíduos de minas de sulfureto alterados foi efectuada com resíduos retirados do sítio de Fron Goth, perto de Devil's Bridge, a cerca de 14 milhas a sudeste de Aberystwyth, no centro do País de Gales, Reino Unido (Leggo et al., 2010). Este trabalho deu a oportunidade de medir a concentração de elementos nutritivos que foram absorvidos nas folhas e caules. Esta abordagem é mais informativa do que a medição das concentrações de elementos em lixiviados aquosos. Verificou-se que as concentrações de nutrientes variavam consideravelmente, mas é necessário muito mais trabalho antes de se poderem descobrir tendências gerais.

Métodos analíticos
Análise de tecidos de plantas cultivadas nos resíduos da mina de Fron Goch.
As análises dos tecidos foram efectuadas no Departamento de Ciências da Terra da Universidade de Cambridge, utilizando uma técnica ICP-MS. As amostras, da ordem de 100 mg, foram pesadas em tubos de Teflon e digeridas num bloco quente e digeridas em ácido nítrico ultra-limpo a 69% em peso durante a noite, tendo sido posteriormente tratadas, durante 12 horas, com peróxido de hidrogénio a 30% em peso (Rodushkin, et al., 1999). As concentrações dos elementos foram corrigidas em função dos valores em branco dos reagentes, que se situavam várias ordens de grandeza abaixo das concentrações medidas, pelo que foram consideradas negligenciáveis. Foi utilizado um Perkin Elmer DRC II, calibrado com materiais vegetais padrão: pêssego, tomate, azevém e espinafre, obtendo-se uma precisão interna de 2 - 5 %. A partir da análise múltipla do material padrão de espinafres, verificou-se que a exatidão se situa entre 5 e 15% dos valores dos elementos. O desvio padrão relativo (RSD) das análises repetidas é tipicamente de 5 a 10% em cada lote. Os limites de deteção de Cd, As, Co e Ni são, respetivamente, 12, 100, 15 e 300 ng. g^{-1} .
Concentração de elementos nos resíduos da mina de Fron Goch.
A análise química dos resíduos foi efectuada no laboratório geoquímico do British Geological Survey. Uma amostra representativa foi digerida num tubo de Teflon com uma mistura de ácidos fluorídrico, perclórico e nítrico. As análises foram efectuadas com um espetrómetro de emissão atómica por plasma de acoplamento indutivo Varian/Vista AXCCD com um amostrador automático Varian SPS-5 dedicado. O instrumento visualiza o plasma ao longo do seu eixo e está equipado com um policromador echelle de alta resolução com um detetor de dispositivo de carga acoplada (CCD) de 70 000 pixels com cobertura contínua do comprimento de onda de 167 a 785 nm. A incerteza é expressa como desvio padrão relativo (RSD), utilizando uma gama de padrões para calcular a incerteza. Não estavam disponíveis dados de referência para o B ou o Li, pelo que a incerteza foi estimada assumindo um erro de recuperação de 10%. Não foi possível estimar a incerteza associada ao Mo, S e Se.
Concentração de elementos nos resíduos de carvão da Calverton Colliery.
Esta análise foi novamente efectuada no laboratório geoquímico do British Geological Survey. Depois de homogeneizar a amostra, uma pequena quantidade foi cuidadosamente pré-digerida durante a noite em ácido nítrico. Isto foi necessário devido ao conteúdo orgânico significativo dos resíduos. Esta amostra foi então submetida a uma digestão ácida mista utilizando HF/ HNO3/ HClO4 concentrado e levada à secura. Este material foi então redissolvido em HCl e HNO3 diluídos. As amostras foram armazenadas em garrafas de plástico Nalgene antes da análise. Foram produzidas três réplicas de digestões e foram efectuadas duas análises em cada uma delas. Foi utilizado um instrumento Sprctro Arcos ICO-AES para efetuar as análises. Os dados devem ser considerados exactos até três algarismos significativos. Os desvios-padrão são indicados (n=6).

Tabela 2. Concentrações de elementos (mg.kg^1) nas folhas e caules de *S. viminalis*.

Resíduos de minas não alterados					
	B Na	Mg	Al	Si	P
90.2±10. 8	61575±25	2626±176	296±40.6	1019±37.3	3203±525
Resíduos de minas alterados					
83.7±17.	5656±14	3126±201	139±27.7	878±30.3	4991±328

Resíduos de minas não alterados					
	S K	Ca	Co	Mn Ni	
96±2878	3815±363167	9597±1317	80±6.00.34±0.0	60.95±0.09	
Resíduos de minas alterados					
6±3798	5955±3772063	20444±3564	297±770	.26±0/070.62±0.1	2

Resíduos de minas não alterados					
	Cu Zn As	Sr	Mo	Cd	Pb
4.1±0.2250	.2±11.8 0.38±0.04 51.9±4.39 0.63±0.08			0.35±0.08	30.8±14.6
Resíduos de minas alterados					
6.7±0.30322±64.40.15±0.	04 108±20.51.6±	0.24		1.7±0.35	16.8±6.90

Através da inspeção dos dados do quadro 2, pode verificar-se que o salgueiro-brabo (*S.viminalis*), cultivado nos resíduos de minas alterados, os elementos nutrientes essenciais e benéficos para as plantas, K, P, S, Mg, Ca, Mn, Zn, Cd, Sr e Mo, aumentaram nas plantas cultivadas nos resíduos alterados em relação às cultivadas nos resíduos de minas não alterados. Não se registam diferenças perceptíveis, dentro do erro analítico, no B, Cu, Ni e Co, enquanto o Al, Si, As e Pb diminuíram. Este resultado está em estrita conformidade com o aumento do crescimento da planta nos resíduos de minas alterados, uma vez que a planta está a absorver o que é mais benéfico para o seu crescimento (Figura 10).

Figura 10. Diferença de crescimento em *S.viminalis*. Planta a crescer em resíduos da mina de Fron Goch (à esquerda) e em resíduos de mina com correção organo-zeolítica (à direita).

Verificou-se que as tendências de crescimento também são influenciadas pela quantidade de tufo zeolítico no biofertilizante, e é certo que o conteúdo de tufo zeolítico do biofertilizante exigirá formulação para estabelecer a melhor composição a ser usada para qualquer tipo de planta em particular, (Figura 11).

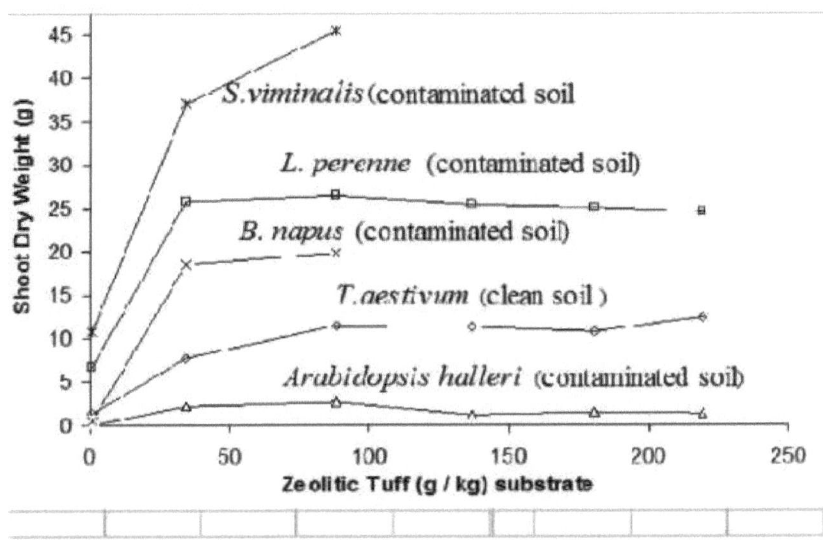

Figura 11. Peso seco da folha e do caule em função da concentração de tufo zeolítico.
Esta experiência foi efectuada variando as quantidades de tufo zeolítico em cada substrato. Todas as variações foram efectuadas em triplicado. O peso seco das plantas foi medido aquando da colheita das plantas maduras. Verifica-se que os cinco tipos de plantas têm respostas diferentes à quantidade de tufo utilizada no biofertilizante. Todos os tipos mostram um aumento do peso seco em relação ao substrato não alterado, mas no caso de S.viminalis (salgueiro-dos-prados) e T. aestivum (trigo de primavera) ocorre um aumento distinto quando é utilizado mais tufo zeolítico. Nas outras plantas, esta caraterística é menos evidente. No caso da Arabidopsis halleri, observa-se um pequeno decréscimo quando se aplicam mais de 100 g/kg. Neste caso, o substrato é concentrado de minério, com concentrações de metais pesados em percentagem de peso. Pensa-se que a diminuição do peso seco das plantas se deve à diluição da correção pelo tufo zeolítico. São estas variações que requerem mais atenção para permitir uma formulação abrangente.

8.4   Investigação microbiológica de substratos vegetais.

Foram desenvolvidos métodos experimentais para identificar os microrganismos do solo, a fim de compreender o efeito do biofertilizante na microbiologia dos substratos do solo. Sabe-se que os solos emendados com o biofertilizante estimulam a nitrificação e promovem um consórcio de microrganismos que aumentam a biodiversidade e fornecem nutrientes adequados às plantas para sustentar e melhorar o seu crescimento.

O crédito total é atribuído ao Dr. David M. D. Bailey, que efectuou a biologia molecular no Instituto de Biotecnolodge da Universidade de Cambridge. O que se segue foi retirado dos seus relatórios sobre o progresso da investigação. As amostras de solo não contaminado e as contaminadas com resíduos de minas de sulfureto e resíduos de carvão foram, por sua vez, imersas em volumes fixos de água desionizada e vigorosamente agitadas. Após centrifugação a baixa velocidade, os sobrenadantes foram cuidadosamente removidos e diluídos antes de serem colocados em caldo de lisogenia (LB). Após incubação, verificou-se que os sobrenadantes de um resíduo de carvão + tufo zeolítico produziam uma ou duas colónias, ao passo que os resíduos de carvão modificados com o biofertilizante produziam 50 a 100 colónias. O ADN foi preparado a partir destas últimas, processado e utilizado como modelo para amplificação pela Reação em Cadeia da Polimerase (PCR). Foram utilizados primers para identificar tanto bactérias como archaea. Entre os microrganismos identificados, contam-se: Bradyrhizobium , que é um género de bactérias do solo, muitas das quais fixam o azoto atmosférico. Rhodopseudomonas palustris, uma das bactérias metabolicamente mais versáteis alguma vez descritas, uma vez que pode converter o carbono do dióxido de carbono em material celular, o azoto atmosférico em amoníaco e também produzir hidrogénio, Frankiaalni, uma espécie de actinomiceto, uma bactéria filamentosa que fixa o azoto formando nódulos nas raízes dos amieiros, e Azospirillum, uma bactéria fixadora de azoto estreitamente associada às gramíneas.

Trabalhando com um substrato alterado com o biofertilizante, não foram detectados genes de eubactérias oxidantes de amoníaco (AOB), o que foi uma surpresa. O problema foi resolvido quando se percebeu que o biofertilizante tinha vários anos e se utilizou um biofertilizante novo, fresco, para continuar o trabalho. Como substrato vegetal, foi utilizado solo arenoso de Brecklands, na Ânglia Oriental, Reino Unido. Este solo contém pequenas partículas negras que se verificou serem carbono, supostamente proveniente de muitos anos de queimadas no campo. Esta experiência tinha também como objetivo investigar o efeito que o biofertilizante teria na capacidade de produzir culturas alimentares num solo agrícola marginal como este. Foi aplicado um biofertilizante normal de 17 Vol % para alterar a areia.

Utilizando extractos de água dos poros, tal como descrito anteriormente, foram utilizadas diluições do ADN extraído do solo como modelos em reacções de PCR utilizando primers destinados a conservar partes dos genes AOA (Hansel et al., 2008). Embora não tenham sido encontrados oxidantes de amoníaco bacterianos (AOB), foram descobertos três oxidantes arqueanos. Após a clonagem, foram identificadas colónias adequadas, que foram utilizadas para cultivar culturas para minipreparações do respetivo ADN plasmídico. O ADN plasmídico purificado foi então enviado para sequenciação, utilizando o braço do vetor universal para M13 como iniciador de sequenciação. As sequências derivadas foram analisadas utilizando a ferramenta de alinhamento de sequências BLAST no GenBank (http://blast.ncbi.nlm.nih.gov/Blast.cgi).

Verificou-se que o primeiro clone correspondia de perto ao gene da subunidade A (amoA) da monooxigenase do amónio AW-L-26 do crenarqueta não cultivado, uma vez que 99% das sequências coincidem. Curiosamente, este clone foi originalmente isolado de um sedimento intertidal na China, indicando talvez uma ampla distribuição de habitat. O segundo clone corresponde ao gene P2-26 da amónio monooxigenase subunidade A (amoA), uma vez que 99% das sequências coincidem. Este foi originalmente isolado de um solo austríaco. Verificou-se que o terceiro clone corresponde ao clone de arqueão AOA-AM120-7, uma vez que 99% das sequências coincidem. Este foi isolado pela primeira vez de um prado alpino tibetano.

A partir da análise PCR das amostras de solo, verificou-se que apenas os genes amo derivados de Archaea foram amplificados e apenas durante um período de tempo discreto. Estes só são detectados nos solos modificados após um período de 60 dias. Isto é muito significativo, uma vez que o trabalho anterior demonstrou que o pico de absorção de iões de amónio no componente de tufo zeolítico, do biofertilizante, foi observado após cerca de 60 dias a partir do fim da fermentação. Figura 8. Após este período de tempo, a quantidade de iões de amónio, ligados frouxamente na estrutura da rede de zeólito, diminui, o que significa o aumento da atividade das arqueas oxidadoras de amónio. Com o biofertilizante de dois anos de idade, seria de esperar que os iões de amónio disponíveis tivessem uma concentração muito baixa e, consequentemente, os oxidantes de amónio dificilmente funcionariam, se é que funcionariam, após este período. No entanto, o facto notável é que as experiências que utilizam este material antigo continuam a permitir um maior crescimento das plantas. Pensa-se que a retrotroca de iões de amónio por iões de potássio, que ocorre ainda na mistura, antes da alteração do substrato, funcionará independentemente da idade e que as reacções biológicas que se seguem deverão fornecer iões nutrientes, como já foi referido. Esta explicação é hipotética e são necessários mais trabalhos para estabelecer uma relação causal exacta entre o comportamento do componente zeolítico e a função biológica do sistema.

A presença de crenarchaeota resolve um problema inicial que foi encontrado no trabalho com resíduos de minas de sulfureto ácido e resíduos de carvão, uma vez que estes ambientes são tóxicos para as plantas. Nessa altura, pensava-se que a nitrificação era causada por bactérias nitrificantes e, como se sabia que estes micróbios eram susceptíveis a um pH baixo e a concentrações elevadas de metais, não se compreendia como é que as plantas podiam ser cultivadas em ambientes tão tóxicos. Sabe-se agora que as crenarqueias têm membranas de baixa permeabilidade e diferentes vias catabólicas, que são os principais mecanismos que ajudam as archaea a lidar com o stress energético crónico, permitindo-lhes funcionar em ambientes tóxicos para as plantas (Valentine, 2007). (Schimel et al., 2007).

Experiências de crescimento de plantas.
8.5   Estudos iniciais

No final dos anos 90, foi realizada uma série de experiências (Leggo, 2000) que envolveram a utilização de trigo de primavera (Triticum aestivum L., ev Paragon). O substrato vegetal provém do Jardim Botânico de Cambridge. Esta zona de Cambridge assenta sobre areias e sedimentos aluviais que cobrem cascalheiras compostas de giz e sílex. O solo pode ser descrito como um silte argiloso cinzento-escuro contendo areia fina a média, juntamente com algum cascalho fino a médio composto principalmente de sílex. O leito rochoso, constituído por giz, confere uma caraterística alcalina à água dos poros, que tem um pH entre 7,0 e 8,0. Este trabalho teve como objetivo observar o efeito do biofertilizante, comparando o crescimento das plantas entre este e dois outros substratos. Estes substratos foram completados com soluções aquosas de cloreto de amónio e de nitrato de potássio. Verificou-se que o peso seco das plantas que cresciam em substratos modificados com o biofertilizante e os modificados com os sais químicos diferia em cerca de 19%, tendo os substratos modificados com o biofertilizante plantas muito maiores. Verificou-se uma grande diferença nas folhas e nas raízes e as plantas tinham um aspeto verde-escuro e glauco, o que significa uma absorção adequada de fósforo. Estas características são normalmente encontradas em plantas que crescem em substratos com biofertilizante. É de salientar que o componente orgânico do biofertilizante era o estrume de aves de capoeira, que se sabe conter concentrações relativamente elevadas de fósforo.

As primeiras experiências com lixiviados aquosos mostraram um aumento dramático na concentração de nitrato de mais de três ordens de grandeza entre as plantas cultivadas em solo de jardim não alterado e em solo de jardim alterado com o biofertilizante. Pensou-se, na altura, que a causa deste efeito era uma população invulgarmente grande de bactérias nitrificantes que funcionavam no solo alterado. Estudos posteriores, utilizando *Arabidopsis halleri* , uma planta acumuladora de zinco, para vegetar em solo contaminado com metais pesados em concentrações percentuais, num pH da água dos poros de 4,0, demonstraram que a alteração com biofertilizante foi muito bem sucedida, (Leggo e Ledésert, 2009), (Figura. 12).

Figura 12.
A imagem superior mostra *A.halleri* a crescer em concentrado de minério não alterado. A imagem inferior mostra A.*halleri a crescer* em concentrado de minério alterado com o biofertilizante. Em cada caso, as mesmas plantas cultivadas em solo limpo são mostradas por detrás das plantas experimentais. Neste último caso, observa-se pouca diferença na aparência entre as plantas cultivadas no concentrado de minério alterado e as cultivadas em solo limpo.
Surgiu uma controvérsia quanto à forma como as bactérias nitrificantes poderiam funcionar em tais

condições. Sabe-se agora que a atividade se deve à presença de crenarchaeota, uma bactéria extremófila oxidante de amoníaco, que pode funcionar a pH baixo, a temperaturas altas ou baixas e não é afetada por concentrações elevadas de metais pesados. Este estudo também mostrou que o lixiviado aquoso dos substratos modificados deve ter tido uma condutividade eléctrica muito elevada em comparação com os substratos não modificados. Este facto foi evidente desde as primeiras experiências e tem sido uma caraterística regular dos lixiviados de biofertilizante acabado de produzir. A perda de iões de amónio entre a rede de zeólito e a água dos poros do substrato mostrou que a perda é quase exponencial, como confirmado pelo padrão de adsorção e perda deste ião da rede de zeólito, ver Figura 8 .

8.6   O sítio de resíduos abandonados da mina de sulfureto de Fron Goch.

A extração de metais (Pb, Ag, Zn, etc.) foi proeminente no centenário de 19th numa vasta área do País de Gales Central e deixou um legado de terras contaminadas no que é agora uma comunidade rural. O sítio de resíduos da mina abrange duas áreas de aproximadamente três hectares cada e é completamente desprovido de vegetação (Figura 13). Anteriormente, tinha sido feita uma tentativa de cultivar plantas utilizando fertilizantes químicos tradicionais, mas esta não teve muito sucesso. No presente trabalho, os resíduos foram recolhidos e utilizados em vasos para cultivar colza (*Brassica napus*) e salgueiro (*Salix viminalis*), este último já referido neste trabalho, ver Figura 10.

<u>FRON GOCH, Experiência de resíduos de minas do País de Gales Central</u>
Descrição da amostra : areia verde cinzenta.
Valor do pH da água de poros 4,0 ± 0,02. (Ajustado para pH 6,57 por adição de 5g,kg^1 CaCO$_3$)

Química dos resíduos de minas, catiões principais e vestigiais, cones (mg.kg)[1]

Al	Como 9,34	B 25.1	Ba	Ca	Cd	Co 8.10	Cr
35120			175	158	1.23		23.9
Cu	Fe	K	Li	Mg	Mn	Mo	Na
19.1	19692	9069	165	3140	206	<7.46	1890
Ni	P	Pb	S	Se	Sr	V	Zn
13.3	133	4345	1446	<7.46	25.0	43.5	1049

Figura 13. Imagem de um dos locais de resíduos da mina de Fron Goch. Os resíduos têm o aspeto de uma areia cinzenta-esverdeada com um pH da água dos poros de 4,0 ± 0,02. A colina coberta de relva por detrás do local está separada por uma estrada e não faz parte do sítio de resíduos.

A análise dos resíduos da mina foi efectuada no laboratório geoquímico do British Geological Survey (ver métodos analíticos para mais pormenores). A inspeção dos dados mostra que a concentração de K e P é baixa, ao passo que Fe, S, Pb e Zn são elevados, o que é de esperar em resíduos de sulfuretos de metais de base. Não é surpreendente que as plantas sejam difíceis de suportar neste material.

Quando o biofertilizante é alterado, estabelece-se um ambiente de substrato completamente diferente. Este facto é demonstrado pela comparação do crescimento de *B. napus* em resíduos de minas não alterados e alterados (Figura 14).

Figura 14. Diferença de crescimento em *B.napus*. Plantas que crescem em resíduos de minas (esquerda) e em resíduos de minas com correção organo-zeolítica (direita).
Encontram-se diferenças semelhantes nas outras plantas utilizadas neste trabalho. Este efeito ocorre em solos limpos e contaminados, bem como em solos de terras agrícolas marginais. Assim, parece que a atividade dos microrganismos do solo (crenarchaeota) na oxidação dos iões de amónio também resulta no fornecimento de iões de hidrogénio que dissociam outros catiões do substrato da planta, produzindo uma água de poros altamente móvel em termos iónicos. Neste ambiente, os elementos nutritivos tornam-se disponíveis, permitindo que a planta em crescimento absorva o que necessita.

Isto é bastante diferente da aplicação de fertilizantes químicos tradicionais, na medida em que o homem está a decidir quais são as necessidades da planta.

8.7		Crescimento de plantas em resíduos de carvão.

Este trabalho foi efectuado com materiais residuais de uma mina de carvão demolida em Calverton, a nordeste de Nottingham, nas Midlands inglesas. Este material consistia em carvão e xisto juntamente com algum entulho dos edifícios demolidos. Aquando da limpeza do local, foi aplicada uma cobertura superficial de areia e solo para proporcionar um substrato para o crescimento de gramíneas. As chuvas de inverno arrastaram este material em alguns locais, revelando os resíduos de carvão subjacentes. O salgueiro-dos-prados (*S. viminalis*) e a erva-prateada *(Misanthus. giganteus*) foram inicialmente cultivados ao ar livre e protegidos por uma vedação de arame (Figura 15a e 15b). No entanto, isto não foi suficiente, uma vez que os veados da floresta adjacente arrancaram as folhas das plantas e arruinaram a experiência, (Figura 16). Foi decidido recolher uma amostra a granel dos resíduos de carvão e repetir a experiência em vasos, em condições de estufa.

Figura 15a. *Miscanthus* a crescer em resíduos de carvão não alterados.

Figura. 15b. *Miscanthus* a crescer em resíduos de carvão modificados. Repare-se nas plantas com maior crescimento de rebentos na parcela alterada.

Figura 16. Experiência na mina de carvão de Calverton. Os restos de *Miscanthus* após a atenção dos veados locais. É certo que eles se divertiram.

De volta ao laboratório, foram utilizadas outras espécies de plantas nas experiências de crescimento.

O método experimental variou pouco em relação às experiências anteriores. As plantas utilizadas foram: Colza (*B.napus*), linhaça (*Linum usitatissimum*), beterraba sacarina (*Beta vulgaris*) e milho doce (*Zea mays*). O solo do Jardim Botânico, como já descrito, foi utilizado como substrato para as plantas. A massa do substrato variou consoante o tamanho da planta, de 3 kg, no caso de *Z. mays*, a 1 kg, no caso de *B. napus*. Exceptuando *Z. mays,* em que apenas foi cultivada uma planta por vaso, foram cultivadas duas plantas por vaso para as outras. Todas as plantas foram cultivadas em triplicado até à maturidade. Foi utilizado o mesmo regime de rega regular, com luz de sódio aplicada no inverno para prolongar as horas de luz do dia. As plantas cultivadas no solo emendado com o fertilizante bio

, utilizando a mesma proporção de mistura, tiveram um aumento notável do crescimento. Verificou-se que tanto Beta vulgaris como L. usitatissimum que cresceram em três substratos: solo de jardim, resíduos de carvão e resíduos de carvão modificados, diferiram muito (Figuras 17a e 17b).

Figura. 17a. *Beta vulgaris* (Beterraba sacarina). 40 dias desde a germinação. Substratos da esquerda para a direita: Solo de jardim, resíduos de carvão, resíduos de carvão modificados com biofertilizante organo-zeolítico.

Fig.17b. *Linum Usitatissimum* (Linhaça). 40 dias após a germinação. Substratos da esquerda para a direita: solo de jardim, resíduos de carvão, resíduos de carvão com adição de biofertilizante.

Este efeito é muito visível mesmo 40 dias após a germinação. As plantas foram deixadas a atingir a maturidade e depois colhidas. Foi encontrada uma diferença correspondente na quantidade de sementes colhidas de B.napus e L. Usitatissimum . As sementes foram recolhidas em tabuleiros de papel para evitar perdas, o que permitiu uma comparação exacta (Figura 18).

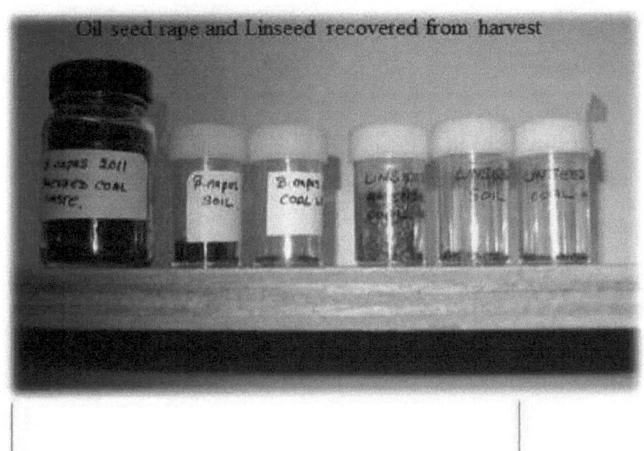

Figura 18. Colheita de sementes na maturidade de *B.napus* e L. usitatissium . Os recipientes à esquerda são de plantas cultivadas no substrato alterado, enquanto os do meio são de plantas cultivadas em solo de jardim não alterado e os da direita são de plantas cultivadas em resíduos de carvão. Verifica-se que as quantidades variam quase exponencialmente.

As raízes da beterraba sacarina apresentam diferenças muito grandes entre as plantas cultivadas em substratos com e sem correção. As diferenças são particularmente relevantes quando se considera que as plantas foram cultivadas em substratos contaminados em que o stress é muito maior nesses ambientes do que nas plantas cultivadas em solos limpos. Tanto a beterraba sacarina *(Beta vulgaris)* como o milho doce (*Zea Mays*) registam uma enorme melhoria quando os resíduos de carvão são misturados com o biofertilizante (Figuras 19 e 20).

Figura 19. Diferença de crescimento entre as raízes cultivadas nos resíduos de carvão modificados e as cultivadas nos resíduos de carvão não modificados. Como já foi referido, todas as plantas desta experiência foram cultivadas em triplicado.

Figura. 20. Espigas de milho doce de plantas cultivadas em resíduos de carvão modificados, abaixo das de tamanho reduzido cultivadas em resíduos de carvão não modificados; mais uma vez, as plantas foram cultivadas em triplicado.

Embora tenham sido utilizados controlos nesta experiência, foi decidido alargá-los numa nova experiência utilizando o mesmo lote de biofertilizante que o original. *A B.napus* foi utilizada como planta de controlo. Foram utilizados 2 kg de substrato para cultivar 2 plantas por vaso em triplicado.

O objetivo desta experiência de controlo era comparar o comportamento das plantas cultivadas em substratos com solo/estrume e com resíduos de carvão/estrume com o das plantas cultivadas em substratos com biofertilizante, a fim de quantificar o efeito separado dos componentes tufo e estrume.

Era igualmente desejável observar a diferença resultante do ajustamento do pH da água dos poros para um valor próximo de 6,0

Mais uma vez, pensou-se que a substituição do tufo zeolítico por um material microporoso alternativo que adsorvesse iões de amónio seria de considerável interesse. O carvão ativado foi escolhido para este fim. As plantas foram germinadas em poucos dias e cultivadas durante um período de 160 dias em condições de estufa idênticas às da experiência anterior. Os resultados são registados sob a forma de um histograma que mostra o peso seco das plantas (g) em função das respectivas composições de substrato (Figura 21).

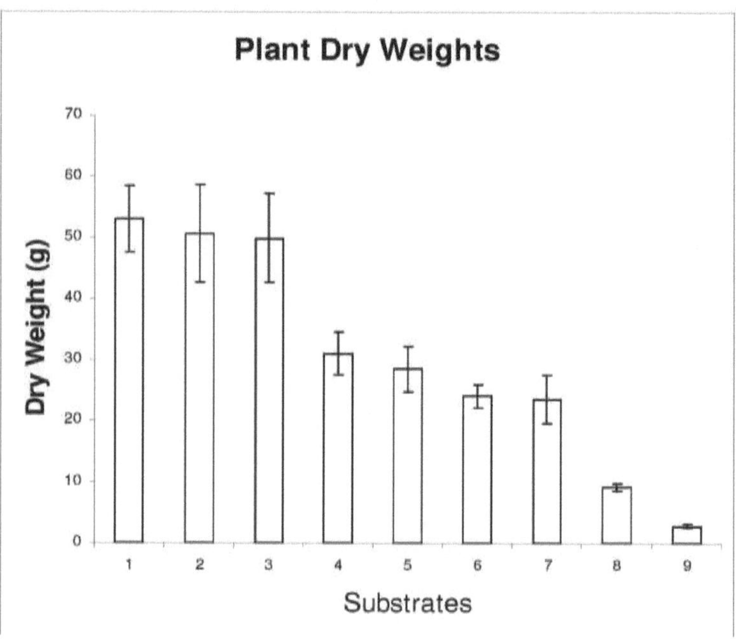

Figura 21. Os substratos são os seguintes:
1.   Resíduos de carvão + biofertilizante + cal.
2.   Resíduos de carvão + terra de jardim + estrume de aves de capoeira + carvão ativado.
3.   Resíduos de carvão + biofertilizante - cal.
4.   Resíduos de carvão + estrume de aves.
5.   Solo de jardim.
6.   Resíduos de carvão + tufo zeolítico.
7.   Terra de jardim + estrume de aves.
8.   Resíduos de carvão + solo de jardim + tufo zeolítico.
9.   Resíduos de carvão.

A inspeção desta figura mostra que o peso seco das plantas que crescem nos substratos 1 - 3 não difere dentro do erro experimental. Isto permite inferir que o carvão ativado poderia substituir o tufo zeolítico, mas quando se considera o custo, seria mais económico utilizar o tufo, particularmente se o tufo zeolítico adequado estiver disponível localmente. No entanto, no futuro, se se verificar que o bio-carvão funciona tão bem como o carvão ativado, este poderia ser utilizado em países que não dispõem de recursos de tufo zeolítico. Também se tornou óbvio que a adição de cal aos substratos , 1 e 3, não tinha qualquer vantagem. Inicialmente pensava-se que o microrganismo que causava a nitrificação era uma bactéria e que era sensível ao pH. Como se sabe agora que se trata de um procariota arqueano extremófilo, crenarchaeota, que pode tolerar uma série de condições ácidas, infere-se que a necessidade de ajustar o pH da água dos poros não é necessária.

Quando se considera a grande diferença entre o peso seco das plantas que crescem nos resíduos de carvão modificados com biofertilizante e as que crescem nos resíduos de carvão sem o tufo zeolítico ou o material orgânico, torna-se claro que ambos os componentes, orgânico e zeolítico, são necessários para patrocinar o crescimento máximo. Este facto também é evidente no caso do substrato número 8, que não possui o componente orgânico. Os resíduos de carvão têm poucos nutrientes disponíveis para serem absorvidos pelas plantas, uma vez que a mobilidade iónica é muito baixa, o que limita claramente a sua utilização como substrato para plantas.

Em 2002, foi efectuada outra experiência bem sucedida num sítio de resíduos de minas em Manitoba, Canadá. A extração de sulfureto de níquel nas proximidades de Lynn Lake tinha produzido resíduos de minas que cobriam cerca de 200 hectares. Todas as tentativas de estabelecer vegetação utilizando fertilizantes químicos tradicionais tinham falhado e foi decidido utilizar o biofertilizante para alterar os resíduos da mina. Sob a direção da Dra. Donna Chaw do Centro de Inovação e Tecnologia de Compostagem do Olds College, Olds, Alberta, Canadá, foi redigido um relatório sobre os resultados dos ensaios de revegetação dos resíduos da mina (Chaw, D, 2002). Utilizando o tratamento padrão de 1 parte de biofertilizante para 5 partes de volume de resíduos de minas, foi utilizada uma mistura de recuperação de *Festuca rubra*, Timóteo (*Phleum pratense*) e Trevo vermelho (*Trifolium pratense*), que provou ser sustentável ao longo de muitos anos e não ser afetada pelas condições climáticas rigorosas do inverno, sem qualquer atenção adicional (Figura 22).

Figura 22. O sítio de ensaio de Lynn Lake, no qual 10 ou mais faixas de resíduos de minas foram tratadas com o biofertilizante. As plantas foram mantidas durante muitos anos sem qualquer tratamento adicional.

9.4 Trabalhos efectuados à escala hortícola e agrícola.

Embora a maior parte do nosso trabalho de crescimento de plantas tenha envolvido o trabalho com substratos contaminados, efectuámos, até certo ponto, ensaios de campo e de horticultura. Foi efectuado um ensaio não supervisionado nas East Anglican Brecklands, no qual foram aplicadas 50 toneladas de estrume de porco por hectare, juntamente com 300 kg de tufo clinoptilolítico por hectare, para fertilizar um solo composto por areia preta. Verificou-se que as partículas negras eram carbono, presumivelmente proveniente da queima de restolho. Este solo tem muito poucos nutrientes para as plantas e, no passado, foi utilizado fertilizante químico tradicional para proporcionar uma cultura económica. A erva feno-grego (*Trigonella foenumgraecum*) foi plantada em parcelas com e sem adubação (Figura 23).

Figura. 23. A imagem da esquerda mostra o feno-grego cultivado na parcela não alterada e a da direita mostra o feno-grego cultivado na parcela alterada. O mesmo número de plantas é apresentado em cada grupo.

A mesma diferença ocorreu em toda a cultura tratada e não tratada e é evidente que a cultura biofertilizada aumentou consideravelmente o seu crescimento. A este respeito, só na Cornualha,

Reino Unido, existem milhares de hectares de terrenos marginais semelhantes, nos quais o granito subjacente fornece um solo com nutrientes muito limitados para as plantas. À medida que um número muito maior de tufos zeolíticos adequados se torna disponível, devido ao rápido aumento das actividades mineiras a nível mundial, a utilização do biofertilizante em países que não dispõem de tufos zeolíticos em grandes quantidades deverá tornar-se economicamente viável à escala agrícola, mesmo tendo em conta os custos de transporte, no futuro. Experiências em vasos com tomate, pimento verde e malagueta demonstraram que as plantas cultivadas à escala hortícola são mais viáveis, de momento, em países que não dispõem de grandes depósitos zeolíticos. Uma experiência em vaso efectuada no Instituto Nacional de Botânica Agrícola (NIAB) em Cambridge, Reino Unido, utilizando tomate, foi bem sucedida em mostrar que o substrato alterado com o biofertilizante produziu uma planta muito maior e mais saudável do que as plantadas noutros substratos (Figura 24).

Figura 24: Experimento com tomate mostrando plantas crescendo em vários substratos. (O termo Oz é uma abreviatura de biofertilizante organo-zeolítico). É evidente que a planta que cresce no substrato alterado (lado esquerdo) tem, de longe, o melhor crescimento. Esta tendência não é diferente da das plantas cultivadas em solos contaminados. Os ensaios hortícolas com legumes (tomate, pimento verde, malagueta e alface) mostram todos a mesma tendência. Verificou-se que a malagueta podia ser cultivada durante pelo menos duas colheitas sucessivas sem nova adição de biofertilizante e manter o seu valor de mercado. Tal como referido, as necessidades nutricionais variam em função da espécie vegetal, sendo necessários mais ensaios para otimizar as condições e obter os melhores resultados.

Água Zeolítica.

O termo mineralógico água zeolítica aplica-se à água contida na rede de zeólitos que pode ser adsorvida e dessorvida sem destruição da estrutura da rede. A posição das moléculas de água na rede é conhecida por ocupar várias posições diferentes na estrutura aberta que mudam durante a desidratação. Os pormenores mineralógicos, em particular a localização cristalográfica das moléculas de água e a termodinâmica, estão fora do âmbito do presente trabalho, embora se possam encontrar pormenores abundantes na literatura científica, Barrer, R.M, 1978, Tsitsishvili , G.V. et.al., 1992, Bish, D.L e Carey, J.W. 2001.

As moléculas de água na superfície próxima do zeólito são consideravelmente móveis a baixas temperaturas durante o dia. Verificou-se por experiência que os solos com zeólito retêm a humidade durante mais tempo do que os solos sem zeólito (Leggo, et al., 2005). É esta caraterística que possivelmente explica a estabilização de plantas em locais de resíduos industriais na costa mediterrânica de Almeria, no sudeste de Espanha. Foram escolhidos locais quase desprovidos de plantas autóctones e decidiu-se utilizar o biofertilizante para tentar reflorestar estas áreas. A precipitação média anual é da ordem dos 200 mm por ano e as plantas autóctones que se adaptaram às condições semi-áridas desenvolveram características especiais para enfrentar solos muito secos. Na altura do ensaio, ainda se pensava que as bactérias nitrificantes eram a principal fonte de nitrificação nos substratos alterados e, como se sabe que estes microrganismos necessitam de uma fonte de água suficiente para funcionar, era duvidoso que o ensaio fosse um sucesso. Trabalhos recentes sobre a resposta microbiana ao stress em condições áridas mostraram que os micróbios sintetizam osmólitos através dos quais controlam o seu volume e conteúdo de fluidos (Schimel et al., 2007). Como os crenarchaeota podem resistir a condições adversas, pensa-se que funcionam melhor do que as bactérias em tais ambientes semi-áridos. Várias espécies de plantas nativas foram cultivadas num jardim botânico local e transplantadas para os locais. Foi escavada uma série de fossas pouco profundas, com 3 metros de diâmetro, e os resíduos removidos foram adicionados ao biofertilizante. Este material foi então substituído nas covas para fornecer um substrato para as plantas. As plantas nativas foram então transplantadas para este substrato e regadas durante alguns dias. Foi uma surpresa

descobrir que cerca de 60% sobreviveram e continuaram a crescer (Figura 25).

Figura 25. Local de resíduos industriais perto de Nijar, Costa Mediterrânica, Almeria, Sudeste de Espanha. Em primeiro plano, as plantas autóctones foram mantidas nos resíduos alterados e continuaram a crescer.

Mesmo em condições quentes de verão, o orvalho precipita de manhã cedo e pensa-se que esta água

é adsorvida pela clinoptilolite presente no biofertilizante. Espera-se que esta água se encontre

fracamente ligada à superfície do zeólito e que seja dessorvida durante o dia, à medida que a

temperatura da superfície aumenta. Tendo agora encontrado a presença de AOA no biofertilizante

que pode funcionar em condições extremas de temperatura, parece que estes microrganismos estão a

fornecer nutrientes em quantidade suficiente para manter o crescimento das plantas nas condições de

seca.

Este conceito hipotético poderia ser testado em laboratório, onde podem ser mantidas condições

adequadas. Poderiam ser efectuados ensaios adicionais em países com climas semelhantes.

Conclusões

A partir dos resultados das experiências de crescimento das plantas, ao longo dos últimos 16 anos, muitas características repetiram-se, nas quais se baseiam as conclusões. Em primeiro lugar, o crescimento das plantas é grandemente melhorado em substratos tratados com o biofertilizante, embora não seja possível dar uma explicação detalhada das reacções envolvidas, uma vez que muitas questões continuam sem resposta. A elevada mobilidade iónica nos lixiviados dos solos tratados com biofertilizante ocorre quando se utiliza biofertilizante fresco. Pensa-se que este fenómeno se deve à atividade microbiana, na fase inicial, quando os micróbios oxidantes de amoníaco estão a funcionar. Pensa-se que a protonação da água dos poros do solo resulta na produção de iões $H3O^+$ que reagem para dissociar os catiões do substrato. Isto ocorre tanto em solos limpos como em solos contaminados. As experiências com lixiviados aquosos e a análise de tecidos vegetais mostram que os substratos vegetais modificados com biofertilizante têm um grande aumento em muitos dos elementos nutricionais. Este efeito é demonstrado pelo grande aumento do crescimento que ocorre nas plantas dos substratos modificados. O efeito da retenção e dessorção de água pelo componente zeolítico do biofertilizante parece ter um efeito benéfico no crescimento das plantas em zonas semi-áridas. A presença de crenarchaeota desempenha um papel fundamental, uma vez que este micróbio oxidante de amoníaco é conhecido por funcionar em condições adversas. O crescimento das plantas em condições semi-áridas, com base em ensaios, é subjetivo e será necessária uma abordagem mais científica antes de este comportamento ser totalmente compreendido. Como referido no resumo, a investigação moderna no domínio da ciência do solo centrou-se no efeito que a utilização a longo prazo de fertilizantes químicos tradicionais tem nos solos. A matéria orgânica (MO) é rapidamente decomposta por micróbios do solo limitados em nutrientes e, se a MO não for substituída, surgem problemas estruturais que ultrapassam as vantagens da utilização de sais inorgânicos. Atualmente, nas regiões agrícolas aráveis do Reino Unido, os agricultores não conseguem obter colheitas económicas sem a utilização de suplementos inorgânicos. Num estudo preliminar realizado na Estação de Investigação Agrícola de Rothamstead, em

Hertfordshire, Reino Unido A Dra. Pamela Biss descobriu que a diversidade genética da erva cultivada na década de 1870, que nunca foi objeto de aplicações de fertilizantes inorgânicos, tem o dobro da diversidade das ervas tratadas com sais inorgânicos. Tal como referido no seu pequeno artigo, este facto é preocupante porque a perda de diversidade genética é uma ameaça à sobrevivência das espécies (Biss, P, 2006). Uma vez que este é apenas um estudo preliminar, será necessário efetuar mais trabalho para determinar a causa do efeito. Experiências bem sucedidas de crescimento de plantas mostraram que a vegetação pode ser mantida em terrenos contaminados, o que constitui uma oportunidade não só para estabilizar os locais de resíduos, mas também para cultivar culturas que podem ser utilizadas na indústria, como é o caso do crescimento de culturas forrageiras para a produção de biocombustíveis. Em países que não possuem tufos zeolíticos, a horticultura, em vez da agricultura, é, de momento, economicamente mais viável. Sabe-se agora que existem tufos zeolíticos adequados em países não desenvolvidos, o que, no futuro, constituirá um forte apoio à estabilidade das culturas alimentares, desde que em muitas regiões seja possível controlar as pragas de insectos.

Agradecimentos.

Os meus agradecimentos são devidos aos meus colegas de trabalho que apoiaram o programa durante todo o tempo com as suas competências e sugestões inovadoras. A Professora Béatrice Ledésert, que sugeriu o estudo de recuperação sobre o problema do concentrado de minério numa refinaria de metais no Norte de França, continuou a contribuir para outros estudos e agradece. Dr. Jean-jacques Cochemé, Dr. Alain Demant, Dr. William. T. Lee, Dr. Christopher Jeans, Dr. Jason Day, Dr. Olivier Grauby, Professor Gheorghe Damian e Dra. Alexandrina Fülop contribuíram para os estudos de campo e de laboratório. Os nossos agradecimentos são também devidos ao Dr. Graham Christie e ao Dr. David. M.D. Bailey, do Departamento de Engenharia Química e Biotecnologia da Universidade de Cambridge, que discutiram e trabalharam na identificação das arqueias oxidantes de amoníaco. Sem o apoio financeiro da EnBW Energie Baden-Württemberg AG, Alemanha, as fases críticas do estudo não teriam sido possíveis. O Departamento de Ciências da Terra agradece as instalações de escritório e de laboratório e o Jardim Botânico da Universidade de Cambridge, que disponibilizou espaço para estufas e aconselhamento sobre o cultivo de plantas, desempenhou um papel fundamental neste trabalho.

Referências

Ames, L . L Jr. 1960. As propriedades do crivo catiónico da clinoptilolite. Am Miner,45:689-700

Andronikashvili, T.G., Tsitsishvili, G., Kardav, M, Gamisonia, M. 1999. O efeito dos fertilizantes organo-zeolíticos na paisagem microbiana do solo. Izv, Acad, Sci, Georgia, T 25 (3-4) pp. 243-252.

Andronikashvili, T.G., Urushadze, T.F., Eprikashvili, L.G, Gamisonia, M.K. 2007. Utilização de zeólitos naturais no cultivo de plantas - Transição para a agricultura biológica. Bull, Geor. Natl. Acad. Sci, vol.175, no.4, pp. 112 - 117.

Ball, A.S. 2006. Contribuições de energia em sistemas de solo. In: Biological Approaches to Sustainable Soil Systems , Norman Uphoff. et al (eds.), pp.79-89.

Barrer, A,M. 1978. Zeolites and Clay Minerals as sorbents and molecular sieves. Academic Press Londres, Nova Iorque. São Francisco.

Berg, J.M, Tymoczko, J.L e Stryer, L. 2007. Biochemistry, 6th Edition. W.H Freeman and Company. Nova Iorque. .

Bish, D, L e Carey, J.W. 2001. Comportamento Térmico de Zeólitos Naturais. In: Revisões em Mineralogia e Geoquímica, Vol 45. Paul H. Ribbe, Jodi J, Rosso (eds). 403 - 452.

Biss, P. 2006. Grama sobre fertilizantes ? Conselho de Investigação Natural, Planeta Terra, primavera de 2006, p.9 .

Chaw, D. 2002. Evaluation of Zeolite Based Fertilizers for Reclamation of Mine Tailings (Avaliação de fertilizantes à base de zeólito para recuperação de rejeitos de minas). Olds College for Innovation and Composting Technology, Olds, Alberta, Canadá, T4H 1R6.

Chelishehev, N.F., Volodin,V.F. e Kryukov, V.L. 1988 Ion Exchange Properties of Natural High Silica Zeolites. (Nauka, Moscovo).

Culfaz,A, Keisling, C.A e Sand, L.B. 1973. A field Test for Molecular Sieve Zeolites. Am Miner, 58: 1044 - 1047 .

Dikensoy, O. 2008. Mesotelioma devido à exposição ambiental à Erionite na Turquia. Opinião Atual em Medicina Pulmonar. 14, 4: 332 - 325 .

Dyer, A 1988. An Introduction to Zeolite Molecular Sieves, John Wiley and Sons Chichester, New York. Brisbane. Toronto. Singapura.

Flood, P.G e Taylor, J.C. 1991. Mineralogy & Geochemistry of Late Carboniferous Zeolites, near Werris Creek, New South Wales, Australia. N. Jb. Miner. 1991, H.2, 49-62.

Hansel,C.M., Fendorf,S., Jardine, P.M e Francis, C.A. 2008. Mudanças na Estrutura da Comunidade Bacteriana e Arqueal e Diversidade Funcional ao longo de um Perfil de Solo Geoquimicamente Variável. Appl. Environ. Microbiol, 1620 - 1633.

Leggo, P.J. 2000. Uma investigação do crescimento de plantas num substrato organo-zeolítico e o seu significado ecológico. Plant and Soil 219: 135 - 146.

Leggo,P.J., Cochemé, J.-J., Demant, A e Lee ,W.T. 2001. O papel da alteração argílica na zeolitização do vidro vulcânico. Mineralogical Magazine , Vol., 65(5) , pp. 653 - 663.

Leggo, P.J., Ledésert, B , Christie, G. 2006, The role of clinoptilolite in organo-zeolitic - soil systems used for phytoremdiation, Science of the Total Environment, 363, 1 - 10.

Leggo, P.J e Ledésert, B. 2009. Sistema Organo-Zeolítico - Solo: Uma nova abordagem à nutrição das plantas. In: Fertilizantes: Propriedades, Aplicações e Efeitos. Langdon R. Elsworth e Walter O Paley (eds), Nova Science Publishers, Inc., Nova Iorque.

Leggo, P.J., Ledésert, B e Day, J. 2010, Tratamento organo-zeolítico de resíduos de minas para melhorar o crescimento da vegetação. Eur. J.Mineral, 22, 813 - 822.

Leininger, S., Urich, T., Schloter, M., Schwark, L., Qi, J., Nicol, G.W e Prosser, J.I. 2006. As Archaea predominam entre os procariotas oxidantes de amónio nos solos. Nature letters, vol.442, dot:10.1038 / nature04983.

Marschner, H. 1995. Mineral Nutrition of Higher Plants. 2nd Edition, Academic Press. Harcourt Brace & Co., Londres, San Diego, Nova Iorque, Boston, Sydney, Tóquio, Toronto.

Minato, H. 1988. Ocorrência e aplicação de zeólitos naturais no Japão. In: Occurrences, Properties and Utilization of Natural Zeolites (Ocorrências, Propriedades e Utilização de Zeólitos Naturais). D.Kallo e H.S.Sherry (eds) 395 - 418.

Minato, H. 1994. Natural Zeolite And Its Utilisation, Editado pelo Comité N0.111, JSPS. P. 321.

Ming, D.W e Allen E.R. 2001, Use of Natural Zeolites in Agronomy, Horticulture, and Environmental Soil Remediation. In: Natural Zeolites: Occurrence, Properties, Applications, David L.Bish and Douglas W. Ming (eds), Reviews in Mineralogy & Geochemistry, Vol. 46, 599 - 654.

Mumpton, F.A. 1988. Desenvolvimento de usos para zeólitos naturais: Um Comentário Crítico. In: Occurrences, Properties and Utilization of Natural Zeolites (Ocorrências, Propriedades e Utilização de Zeólitos Naturais). D.Kallo e H.S Sherry (eds), 333 - 366.

Mumpton , F.A, 1999. *La roca magica*: Usos de zeólitos naturais na agricultura e na indústria. Proc. Natl. Acad. Sci USA Vol. 96 , pp. 3463 - 3470.

Onal, M., Depci, T., Ceylan, C. e Nilgun, K. 2016. O depósito de zeólito de Hekimhan na bacia de Malatya. IOP Conf. Series: Earth and Environmental Science 44 (2016) 04201.

Paul, E.A, 2007. Soil Microbiology, Ecology, and Biochemistry 3rd Edition, Elservier, Amesterdão, Boston, Londres, Nova Iorque, Oxford, Paris, San Diego, São Francisco, Singapura, Sydeny, Tóquio.

Rodriguez-Fuentes, G., Rivera, Denis. A., Barrios, Álverez, M., Iraizoz Colarta, A. 2006. Bases de medicamentos antiácidos em clinoptilolita natural purificada. Materiais Microporosos e Mesoporosos, 94, 200-207.

Rodushkin, I., Ruth, T e Huhtasaari, A. 1999. Comparação de dois métodos de digestão para determinações elementares em material vegetal por técnicas ICP. Chimi. Ata, 378,1 - 3, 191 - 200.

Selvam, T., Schwieger, W., Dathe, W. 2014. Zeólitos naturais cubanos para uso médico e sua capacidade de ligação à histamina, Clay Minerals (comunicado).

Sirkecioglu, A e Erdem-§enat, A. 1996. Estimation of the Zeolite Content of Tuff from the Bigadiç Clinoptilolite Deposit. Clay and Clay Minerals , Vol.44.No.5, 686 692.

Süsser. P & Schwertmann, U. 1991. Tampão de protões em horizontes minerais de alguns solos florestais ácidos. Geoderma , 49, 63-76.

Taiz, L e Zeiger, E, 1991. Plant Physiology. The Benjamin/Cummings Publishing Company, Inc. Califórnia, Massachusetts, Nova Iorque, Ontário, Reino Unido, Amesterdão, Bona, Singapura, Tóquio, Madrid, San Juan.

Tsitsishvili, G.V, Andronikashvili, T.G , e Kirov .G.N , Filizova, L.D. 1992. Natural Zeolites. Ellis Horwood Ltd., Série Ellis Horwood em Química Inorgânica. Redwood Press, Malksham, Reino Unido.

Valentine, D.L. 2007. As adaptações ao stress energético ditam a ecologia e a evolução das Archaea. Nature Rev, Microbiol, 5, 316-323

Vaughan, D. E. W. 1978. Propriedades dos zeólitos naturais. Em: Natural Zeolites, Occurrences, Properties, Use. L.B Sand e F.A. Mumpton (eds). (Pergamon Press, Oxford) p. 353.

yes **I want** morebooks!

Buy your books fast and straightforward online - at one of world's fastest growing online book stores! Environmentally sound due to Print-on-Demand technologies.

Buy your books online at
www.morebooks.shop

Compre os seus livros mais rápido e diretamente na internet, em uma das livrarias on-line com o maior crescimento no mundo! Produção que protege o meio ambiente através das tecnologias de impressão sob demanda.

Compre os seus livros on-line em
www.morebooks.shop

Printed by Books on Demand GmbH, Norderstedt / Germany